JN096089

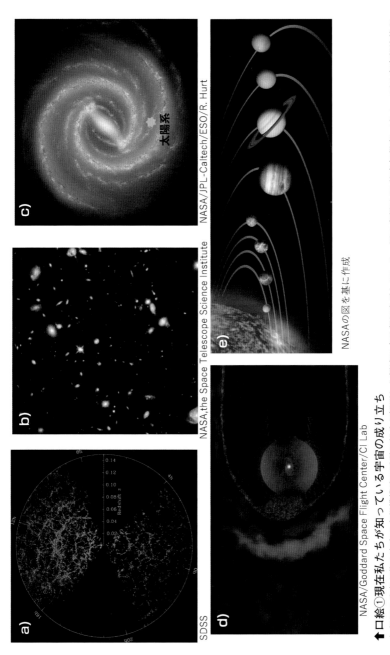

口絵① 現在私たちが知っている宇宙の成り立ち

a) 銀河の分布が作る宇宙の大規模構造：扇型の部分か観測した領域で点は銀河を示している。円の半径は20億光年程度。b) ハッブル宇宙望遠鏡が撮影した銀河。c) 天の川銀河の推定図。d) 太陽系境界の推定図：図の左側から来る星間物質と太陽からの太陽風とか拮抗する付近（太陽から、およそ90天文単位の距離）が太陽系の境界と考えられている。e) 太陽系の惑星。

SDSS

NASA/Goddard Space Flight Center/CI Lab

NASA, the Space Telescope Science Institute

NASA/JPL-Caltech/ESO/R. Hurt

NASAの図を基に作成

太陽系

➡口絵③電子の干渉パターンが形成される過程
⬇口絵②実際に見ることが可能になった『分子の姿』

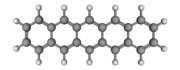

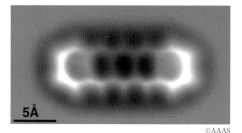

5Å

©AAAS

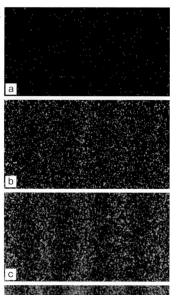

資料提供：株式会社日立製作所研究開発グループ

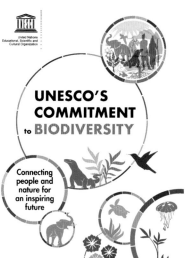

⬆口絵④

国連のユネスコも様々な形で生物多様性の問題に取り組んでいる。

⬆口絵⑤レンブラント「ホメロスの胸像を見つめるアリストテレス」

自然科学はじめの一歩

岸根順一郎・大森聡一

（改訂版）自然科学はじめの一歩（'22）

©2022　岸根順一郎・大森聡一

装丁・ブックデザイン：畑中　猛

s-69

はじめに

　本書は放送大学の自然科学系教員 5 名が協力して作成した自然科学の入門書です。テレビで放映される放送教材も合わせて活用していただくことで，これまで自然科学を本格的に学んだことのない方にも無理なく「はじめの一歩」を踏み出していただけるように工夫しました（もちろん本書単体でも読み切れるようにしてあります）。特に，各分野の知識を網羅的に解説するのでなく，自然科学の見方・考え方に重点を置きました。具体的に，広大な宇宙の話からはじめてだんだんと小さな世界へ分け入っていく構成をとっています。自然界の拡がりは広大です。私たち人間の大きさはだいたい 1m 前後ですが，宇宙全体は 10^{26}m の拡がりを持っています。10^{26} とは 1 の後ろにゼロが 26 個並んだ数です。この表し方をすると，太陽系の拡がりがだいたい 10^{12}m，地球の直径が約 10^7m です。小さい方に目をやると，粗い砂粒の大きさが 1mm つまり 0.001 m 程度です。0.001 は小数点をはさんでゼロが 3 個並んでいます。これを 10^{-3} と表します。ウイルスの大きさは最大で 10^{-6}m 程度，DNA らせんの直径が 10^{-9}m 程度，1 個の原子の大きさがだいたい 10^{-10}m 程度です。さらに原子の中心にある原子核の大きさは 10^{-15}m 程度です。このように，自然界を距離のスケールで階層的にとらえることで，自然界全体を一望することができます。本書の構成は，この階層性を浮き彫りにすることを意図したものです。

　第 1 章で自然科学の見方・考え方の全体像を紹介した後，第 2 章では宇宙と太陽系という大きなスケールを対象とする天文学の世界を紹介します。第 3 章では地球に目を転じ，現在の地球の成り立ちと地球システムについて述べます。第 4 章では，地球と生命の歴史とその研究法を紹

介します。第5章では地球上にいったい何種類の生物がいるのだろうか
という視点から生物多様性の視点に誘います。第6章では生物世界のつ
ながりを探ります。第7章では，生物のからだをミクロな細胞の集合体
としてとらえます。細胞を，物質としての構造とそれを制御する遺伝情
報という両面からとらえる見方が示されます。第8章では物質の根源的
な素材である原子・分子の世界に踏み込んでいきます。いわゆる化学の
分野です。物質がなぜ安定に存在できるのか探り，その仕組みを司る元
素の性質（周期表）を明らかにします。第9章では，物質の科学という
立場からエネルギーの本質に迫ります。原子・分子のミクロな世界と，
私たちの日常スケールでのエネルギーの概念がここでつながります。第
10章では，物質世界の基本法則を探究する物理学の見方を紹介し，数少
ない基本法則からいかに多様な現象が記述されるかを示します。第11
章では，もはや私たちが直接見たり触れたりすることにできない原子ス
ケールの現象を読み解く方法（量子論）の考え方を述べます。以上第11
章までで，宇宙からミクロな原子世界に至る広大な自然界の全貌をつか
むことができるでしょう。続く第12章では，自然科学の多様性を普遍
的に記述する言語である数学の言葉と論理を紹介します。第13章では
数学的思考の特徴が最も顕著に現れる集合と論理について解説します。
第12章，第13章を通して数学の論理体系の特徴を知ることができるで
しょう。これに対し，第14章では第2章から第11章で扱った自然科学
の諸分野が，いかに縦横無尽に数学を活用しているか，その一端を紹介
します。最終章（第15章）の前半では少し趣を変え，科学研究という営
みの特徴を述べます。そして最後に，各分野の展望を述べます。ここは
いわば「次なる一歩」を踏み出すためのガイドとなるでしょう。

　本書を通して自然科学の見方・考え方を学ぶことで，皆さんがご自身
の立場で自然科学の成果を理解し，科学技術に関する様々な話題に対し

て主体的なアプローチができるようになるでしょう。本書を読み通すのに予備知識は不要です。どうぞ安心してはじめの一歩を踏み出してください。

2021 年 11 月
岸根順一郎・大森聡一

目　次

1 自然科学の見方考え方

岸根順一郎　大森聡一　二河成男　安池智一　隈部正博

《**目標＆ポイント**》実験して観測し，結果を数値化して結果を法則化する。これが近代科学革命以降に確立した自然科学の方法です。この見方によって自然界はどのようにとらえられるのでしょうか。宇宙・地球科学，生物学，化学，物理学といった諸分野ではこの見方がどうあらわれるのでしょうか。
《**キーワード**》科学的方法，自然界の階層性，現代人と科学

1.1　はじめの一歩を踏み出すために

岸根順一郎

科学的方法

　広大な自然の広がりの中で，私たち人間が見たり触れたりすることのできる領域はごく限られています。人間の感覚が及ぶ領域の外に広がる世界で起きている現象を知りたい。この素朴な探究心が，自然科学の発展を駆り立ててきた原動力であるといえるでしょう。では，直接知覚できない対象をどうやって科学の土俵にのせるのか。その答えをもたらしたのがガリレオ，ニュートンらによって成し遂げられ，今日 17 世紀科学革命と呼ばれている知的変動です。

　自然現象を腕組みして眺め，原因を思い悩んでも知識の向上には役立たない。これこそガリレオが明確に打ち出した態度です。代わって，「実験で得られた観測結果から，数理を用いて法則を引き出す」という近代科学の方法論が示されました。これによってアリストテレス的な自然

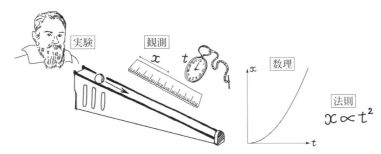

実験　観測　x　数理

法則

$x \propto t^2$

図1.1　近代科学の方法：実験・観測・数理から法則を読み取る

学から，実験・観測と数理アルゴリズムに基づく近代科学への革命的転換が達成されたのです。実験→観測→数理→法則と進み，法則が予言する結果を再び実験と照合します（図1.1）。この照合を繰り返すことで法則の信頼度は上がり，ついには基本法則が確立します。微積分の発想を具体化したニュートンの運動法則は力学の基礎となり，生物学に数理モデルを初めて導入したメンデルの法則は遺伝学の基礎となりました。

　数理を使わずに済まそうと思えば，自然現象を「大きい・小さい」，「速い・遅い」，「熱い・冷たい」といった感覚的基準でとらえて終わるしかありません。一方，これらをそれぞれ長さ，速度，温度によって数値的にとらえれば，数値データの間の関係性を探ることが可能になります。こうして実験結果に命が吹き込まれ，自然現象のシナリオが見えてきます。

　図1.1のようにガリレオは斜面を落下する物体の運動を観察し，落下時間が2倍，3倍，4倍…と伸びると，落下距離がそれぞれ4倍，9倍，16倍…になることを発見します。この観測結果は「落下距離は落下時間の2乗に比例する」という関係を示唆します。数学の本領は，この関係を一般的な変数の間の関係，つまり関数として書くことで発揮されます。落下時間を変数t，落下距離を変数xで表すと，xがt^2に比例する

ことになります。つまり x は t の 2 次関数です。2 つの量の間の関数関係が確立すれば，それは立派な自然法則です。

自然界を長さのスケールで眺める

「長さ」は自然界を測る最も基本的な尺度です。私たち人間の大きさはだいたい 1m 前後ですが，図 1.2 に示すように現在の天文学によれば宇宙全体の広がりは 10^{26}m に及びます。10^{26} とは 1 の後に 0 が 26 個並んだ数です[*1]。この表し方をすると，太陽系の広がりがだいたい 10^{12} m，地球の直径が約 10^7m です。

小さい方に目をやると，粗い砂粒の大きさが 1mm つまり 0.001 メートル程度です。0.001 は小数点をはさんでゼロが 3 個並んでいます。これを 10^{-3} と表します。ウイルスの大きさは最大で 10^{-6}m（1 マイクロメートル）程度です。現在の私たちは，すべての物質が原子・分子から構成されていることを知っています。例えば水（H_2O）のような少数の

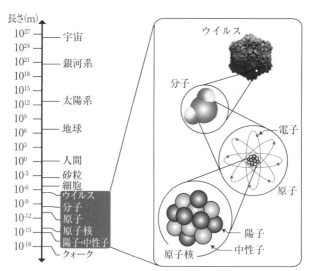

図 1.2　自然界の長さスケールとミクロな世界の階層構造

[*1] つまり 1 は 10^0 です。

原子からなる分子の大きさはだいたい 0.5 ナノメートル（1 ナノメートルが 10^{-9}m）程度です。そして 1 個の原子の大きさが 10^{-10}m 程度です。

　原子の中心には正の電荷を帯びた原子核（大きさ 10^{-14}m 程度）があり，その周りを負の電荷を帯びた電子（点状）がふわふわと取り巻いています。さらに原子核は正の電荷を帯びた陽子と電気的に中性な中性子からなります。これら核子の大きさは約 10^{-15}m です。そして，陽子や中性子はクォークと呼ばれる素粒子 3 個からできています。クォークの半径の上限は 10^{-18}m 程度と考えられています。このように，現在の私たちが把握している自然界は 10^{26}m から 10^{-18}m まで実に 44 桁にわたって広がっています。この広がりを舞台として，様々な自然現象が繰り広げられているのです。

ミクロからマクロへの階層性

　図 1.2 の右側には，ウイルスが多くの分子から構成され，分子は原子から，原子が電子と原子核から，さらに原子核が陽子と中性子から構成される様子が示してあります。これは，より小さくて基本的な（ミクロな）ものが集まってだんだんと複雑で大きな（マクロな）ものが組みあがるという見方です。逆に玉ねぎの皮を 1 枚ずつはぐようにこの階層を降りていけば，いつかはこれ以上分割できない基本的な構成要素に行き当たるだろうと考えるわけです。これは，自然界の成り立ちがミクロからマクロへと連なる「階層性」を持つという見方であり，現代科学の基盤をなす思想です。

　自然科学の諸分野は，この階層のどの当たりを研究対象とするかを定め，その階層の中で有効な学問体系を作り上げてきました。例えば天文学はだいたい地球規模よりも大きなスケールを対象とします。生物学は数 100 ナノメートルから地球規模のスケールで生起する生命現象を対象

とします。

スマートフォンの電源を入れると

　スマートフォン（スマホ）は先端科学の結晶です（図1.3）。スマホの
電源をオンすると何が起きるか想像してみましょう。まずは液晶画面が
立ち上がります。液晶は10億分の1メートル（1ナノメートル）程度の
細長い分子が集積して液体状になった物質です。液晶に細かな区画ごと
の電圧をかけるとこれらの分子の向きが変わり，バックライトからの白
い光を色に応じて通したり止めたりできます。こうしてカラー画面がで
きあがります。

　バッテリーは微弱な電流をスマホ内部の電気回路に送り込みます。回
路の心臓部は，シリコン半導体の基板上にトランジスタ，ダイオード，
電気抵抗，コンデンサーなど数千個を数ミリ角の微細領域に詰め込んだ
集積回路です。

図1.3　スマートフォンは物理の宝庫

　ロック解除ボタンに指が触れると指紋センサーが作動します。人体は水分を多く含み，電気を通します。指でタッチパネルに触れると，本体内部に仕込まれた電極が指紋の分布に応じた電荷を感じとって指紋を判定します。さらに指で画面をなぞると，本体の内部に格子状に張り巡らされた電極に指先の電荷が接近し，電気的な変化を通して指の位置が検出されます。こうして指先のスワイプが内部に伝わります。

　今度は宇宙に目を向けましょう。スマホを立ち上げると，地表上空2万200km の軌道を周期12時間で周回する GPS 衛星から発信された電波が，光速（秒速30万 km）で地上に届きます。スマホの内蔵アンテナは，この波長10cm 程度の電波をキャッチします。GPS 衛星はセシウムまたはルビジウムの原子時計を搭載して時間を計測します。セシウム原子は，周波数が正確に 9192631770Hz の（1秒間に92億回振動する！）電波を吸収することで正確な時刻を刻みます。

　つぎに電話をかけてみましょう。音声は振動する電流に変換されて内蔵アンテナに流れ，電波が発振されます。これが基地局のアンテナでキャッチされ，電気信号は光ファイバーなどのケーブルを通して通話相手の近くの基地局に伝わり，そこから相手のスマホに伝送されます。光ファイバーの中では，光が反射しながら遠方まで伝わります。

　今度はカメラで写真を撮りましょう。カメラが光を受信する心臓部はやはり半導体でできており，光の情報を微弱な電気信号に変換することができます。太陽電池の原理もこれと同様です。スマホを回転すると，つられて画面も回転する機能があります。小さな箱にばねを介しておもりを閉じ込めたものが仕込まれていて，スマホを回転すると物体が移動してばねが伸びます。箱の壁がばねから受ける力によって回した向きが検知できます。また，スマホが東西南北どちらを向いているかを検知するには地磁気を検出する必要があります。これには，半導体を流れる電

子が地磁気から受ける力を検知する素子が使われます。

　スマホを立ち上げてほんの数秒か数分の間に，これだけのことが目にもとまらぬ速さで起きています。電子は私たちの体を含むすべての物質に含まれます。光は太古の昔からわたしたちを包んできました。しかし人類が電子の存在を知り，光の正体を把握したのはようやく19世紀の終わりになってからです。

　電子や光の本性を探究する研究は，自然の仕組みを知ろうとする好奇心によるものであり，産業技術への応用とは全く独立に進められたものです。ところがそれから100年余りしか経たない現在，私たちは電子と光を小さなスマホと宇宙の間でつなぎ，制御して生活に役立てているのです。

現代人と自然科学

　一方，2019年末に始まった新型コロナウイルス感染症（COVID-19）は，グローバル化の進んだ地上世界を大混乱に陥れました。0.1マイクロメートル（1000万分の1メートル）に過ぎないウイルスが巨大な人間界を右往左往させ，人類の近未来に少なからぬ影響を残そうとしているのです。ウイルスは電子や光のように物理や化学の法則で把握し切るには複雑すぎ，さりとてピンセットでつまんで除去するにはあまりに小さすぎます。感染爆発を抑え込むには，依然として防疫とワクチンが頼みの綱となります。感染の統計的な傾向をつかむには数理的なアプローチが極めて有効です。これについては第14章で詳しく紹介します。COVID-19は，数理モデルに基づくシミュレーションの重要さを改めて浮き彫りにしました。

　ウイルスに対する恐怖は，太陽系や銀河の成り立ちを知る前の人類が宇宙に対して抱いた畏怖と通じるものがあるでしょう。惑星や太陽に直

接触ってその動きを確かめることはできません。見えない相手，触れられない相手にたいして怖れを抱くのは自然です。ところが 17 世紀後半に，ニュートンが「実は天体の運動と地上の物体の落下は同じ因果関係で生じるのだ」ということを見抜きます。これで，天体に触れずともその運動を納得して理解することができるようになったのです。理解できれば安心が生まれます。今日の私たちが，日食や月食を怖れないのはこのためです。

　現代の先端科学の現場では，人間の五感が遠く及ばない極微の素粒子，原子・分子，DNA から極大の宇宙に至る広大な領域が研究の対象となっています。そして，天文学，地球科学，生物学，化学，物理学といった自然科学の諸分野は，その広がりの中で適用範囲を分担しながら研究を進めています。新聞の科学欄などでは各分野の特定の成果だけが切り取られて伝えられることが多く，分野相互の関係や私たちの生活との結びつきが語られることはあまりありません。

　そこで私たち一人一人が自然界の広がりを把握し，自然科学のいろいろな分野の特徴を知ることがますます重要になります。それによって自分自身の立場で自然との向き合い方，共生の仕方を考えることができるようになります。そのためのヒントを提供するのが本書の目的です。現代人が自然科学を学ぶ意義はだいたい以上の通りです。では，はじめの一歩を踏み出してみましょう。

1.2　自然科学の段階的発展様式

大森聡一

　自然科学の進歩の歴史には，次の段階的発展の過程があると言われています。

1. 記載とコレクション
   現象，物質，生物種などの発見・観測・記載の集積
2. 分類と「図鑑」の作成
   記載データの整理，分類，公開
3. 一般化と体系化
   「なぜ？」を説明するための仮説，その検証，法則の発見
4. 予測と検証
   法則に基づく予測と，観測による検証

　この段階的発展は，科学の歴史の，いろいろな時間の長さの中で起きています。科学の大きな流れを変えるような法則や原理の発見などは，記載の始まりから長い時間をかけて，この段階をたどることもあります。たとえば，近代以前の天文学は，古代文明後期から記録に残っている太陽，月，星の配置と運行の記録から始まり，夜空の星には異なる運行をする星（惑星と恒星）があることがわかり，これらの運行を説明する仮説（天動説，地動説）の時代を経て，17世紀のケプラーによる天体の運行に関する法則の発見，そして，ニュートンの万有引力の発見による，天体運動と地上の物体の運動を一般化した理解へと発展しました（これらの詳細については，第2章でとりあげます）。また，この段階的発展過程は，繰り返されながら科学を進歩させています。たとえば，生命の遺伝子情報（第7章）をすべて解読しようという研究は，生命の機能が遺伝子によって制御されているという生命共通の一般的理解が得られた後の，新たな記載とコレクションの段階であるといえるでしょう。
　ここで，注意が必要なのは，この様な段階的発展は，自然科学の研究が，この順を追って進行するということを意味しているわけではない，ということです。むしろ，研究の現場では，複数の段階が同時進行して

いることが多いかもしれません。しかし，各段階の研究が不十分な状況
では，結果的に次の段階の研究が，有意義に進展することはありません。
例えば，ケプラーの法則は，チコ・ブラーエによる高精度の観測データ
が存在したために発見できたのであり，それ以前の観測データでは，ケ
プラーの発見を導くためには精度不足でした。

　これは，現在の視点で見れば，天動説と地動説の議論が決着に近づく
ためには，ある精度以上の記載データの蓄積が必要であり，それ以前に
提案された諸々の天体運行モデル（第 3 段階の研究）は，データ不十分
のため，そもそも解答を得ることができなかったのだ，とまとめること
ができます。しかし，これはあくまでも現在の私たちの視点であって，
当時の現場では，その時点で得られるデータから，できる限りの考察と
議論をすることが通常の科学者にできることでしょう。

　天動説と一口に言っても，データによらない思弁的な発想に基づくも
のから，観測データを可能な限り説明しようと論理的に導かれたものま
で，さまざまです。データと論理に基づいたモデルは，これが結果的に
間違っていたとしても，自然科学の進歩の段階として，これらをバカに
することはできません。むしろ，現在の科学であっても，同じ状況にな
いとは限らないことを，科学者は意識しています。現在の研究の現場で
は，研究テーマの規模や性質によって，ある段階に属する研究のみを行
う場合もありますし，個人や研究チームがすべての段階の研究を行っ
て，研究成果を導く場合もあります。

1.3　「巨人の肩の上に立つ」

大森聡一

　この様な段階的発展を支えているのが，自然科学における研究成果の

継承です。これは，「巨人の肩の上に立つ（standing on the shoulders of the giants）」という言葉で例えられることがあります。一人の人間が背丈の高さから見渡せる範囲は限られているが，巨人の肩の上に立てば，普通の人間であっても目の位置は巨人よりも高くなり，巨人よりも遠く広い範囲を見渡すことができる（図1.4）。すなわち，先人の研究成果の上に研究を重ねることの大切さを意味しています。この表現は，ニュートンが用いたことでも知られています[*2]。先達の研究の上に先端の研究があり，この様な積み重ねが自然科学を発展させていったのです。先に述べたニュートンの万有引力の法則の発見は，ケプラーの法則やガリレオの物体の運動に関する研究に助けられたのです。また，先に述べたように，そのケプラーの法則は，チコ・ブラーエによる精密な惑星運行観測データの上に成り立っています。

　このたとえにおける「巨人」は，偉大な成果を残した研究者たちを意味しているのかもしれませんが，これを，個人ではなく，これまでになされた多くの段階的研究成果の蓄積の総体と考えることも可能でしょう。そして，自然科学では，その研究の成果・過程が「巨人の体を形作る」ことを意識して行われる必要があります。そのため，後の世代に正確に情報が伝わるように，言葉の定義や数式による表現が重要な要素となります。曖昧な言葉の使い方は，後継の研究者に誤解を与える可能性があるので，定義や表現は厳密である必要があります。その結果，専門用語の種類が増えてしまったり，堅苦しい表現になっ

図1.4　巨人の肩の上に乗る

[*2] If I have seen further it is by standing on yᵉ sholders of Giants（ニュートンからフックに送られた 1676 年 2 月の書簡にて）。

たり，数式が出てきたり…このあたりが，自然科学がとっつきにくい原因になっているかもしれませんね。しかし，これは，「巨人の肩に乗る」ためには，クリアしなくてはいけない関門であり，それによって得るものはすごく大きいのです。また，肩まで登らなくても，腰の高さまででも，巨人の手に乗って持ち上げてもらえば，そこから見える風景は，地上とはちがったモノになるでしょう。「腰まで」でも，自然科学の言葉で語られる世界を学んでみる価値はあると，私たちは思っています。

1.4　本書で扱う自然科学各分野へのガイド

　本書では，スケールの大きな対象から初めて徐々に小さな対象に視線を移していく形で自然科学の諸分野を眺めていきます（第2章〜第11章）。近代科学の特徴は，ガリレオ，ニュートンらの手によって確立された「実験と数理の結びつき」に集約されます。「数理」とは数学的な解析によって誤りなく論理を積み上げる演繹的方法を指します。その特徴が第12章，第13章で述べられます。本節では，これら各章への簡単な導入を行います。

1.4.1　宇宙・地球科学へのガイド

大森聡一

　宇宙・地球科学分野は，非常に幅広い時間・空間スケールを対象としていることが特徴です。たとえば，空間スケールでは，地球を作る鉱物の結晶や宇宙空間の分子の構造から宇宙の構造まで，時間のスケールでは，数分で変化する気象現象などから138億年の宇宙の歴史までが対象となります。

　「宇宙・地球」のすべてが対象であるとすれば，それは，つまり人の認

識する自然のすべてであり，自然科学の多くの部分が，宇宙と生命を含む地球の観察から始まりました。現在では，個別に発展を遂げた，物理，化学，および生物の各分野の知識とすべての基礎となる数学的考え方を応用して，宇宙や地球の研究を推進することが重要となっています。たとえば，宇宙の起源に関する研究は，物理学の最先端と不可分であり，地球の歴史解明には，高精度の化学・同位体分析とその解析といった，化学の方法が不可欠となっています。また，生命の進化の研究は，化石による情報に加えて，分子生物学による遺伝子の進化という視点が加わったことにより，新たなステージに進みつつあります。基礎科学と呼ばれることのある自然科学のなかでも，宇宙・地球科学は，総合的・応用的側面が強いといえるかもしれません。

　宇宙や地球の探究は，大きく分けて2つの側面で，私たちの生活に関っています。第1は，人類文明や国・地域の維持・発展に関係し，私たちの生活に密着した探究です。これには，自然災害や気候変動に関する現象の，観測，原理の解明，および現象の予測や資源の探査などが含まれます。自然災害や気候変動の元となる現象は，およそすべて宇宙・地球科学がカバーしている範囲で起きています。たとえば，気象，地震，火山，宇宙からの隕石落下，そして最近では，太陽からの物質や放射線の流れ（太陽風）や宇宙線などが環境・文明に与える影響なども注目されています。現在，人間が利用している素材は，ほとんどすべてが「地球」から採取されたものであり，その分布と量は，人間社会に大きな影響を与えています。将来的には，月や宇宙空間における資源採取も，現実的な検討対象になる可能性があります。

　第2は，さらに広い時間空間スケールで，宇宙・太陽系・地球の起源，生命の起源と進化，地球表層環境の変化，などをとりあつかい，人が自らの起源を知りたい，という欲求を満たすための探究です。この分野の

研究をしていると,「ロマンがあって良いですね」と,言われることがあります。これは,裏を返せば,「面白いけど役には立たない」という意味もあるのかな？　と思うこともあります。しかし,この知りたい欲求は,人の歴史に脈々と受け継がれてきた根源的欲求の一つではないでしょうか。この探究は,未だ発展途中で,答が出ていない分野であります。しかし,教養教育において,「論理的に思考し,他者を理解し議論する能力と,その背景となる知識」を身につける,というその目的に照らすと,複雑な対象をデータから論理的に考えるための練習問題として,宇宙・地球科学分野の学びがもつ意義は高いと私たちは考えています。

　以上に述べた,宇宙・地球科学の特徴をふまえて,天文学的視点における宇宙観の変遷（第2章）,地球システムという観点による現在の地球の概観（第3章）,および過去の地球を探る研究の原理と進展状況（第4章）の3部立てて,宇宙・地球科学への初めの一歩を進めて行きます。

1.4.2　生物学へのガイド

二河成男

　生物学は,一言で表すならば,生き物とその営みを探究する学問分野です。地球上に暮らす生物は,実に多様です。これらを対象とする生物学も現在では,個々の研究分野に細分化され,各々で異なる興味や目的をもって研究が進められています。しかし,応用分野であったとしても,その対象とする生き物の理解は必要です。また,その生き物が示す,あるいは関わる様々な生物としての営みを理解することが必要です。人口増加と食料の問題は以前からありましたが,それが二酸化炭素の問題とも関わってきて,こちらの方が差し迫った問題だといった新たな課題に対して適切な対応を行うには,幅の広い知識が役に立つでしょう。

　生物を知るためには,地球上の生物の全容を把握しておくことが大切

です。地球上にはどのような生物がいるのでしょうか。それらは一体何種類ぐらいになるのでしょうか。そしてどれくらいの数が存在し，どれぐらいの量になるのでしょうか。このようなことを第5章で説明します。しかし，科学というのは，まだまだわからないことがあります。上記のことでも，分かっていることもあれば，推定すらできないこともあります。問題によっては他の科学分野の発展が必要な場合もあります。そういう視点でこの科目を学ぶのも一つの方法かもしれません。

　生物学は大きく2つの分野に分けることができます。厳密に定義されたものではありませんがその2つの分野は，マクロとミクロと言われます。マクロの分野のおもな研究対象は，生物と生物の相互作用はどのようなものか，その相互作用はどのような影響をもたらすかといったことです。同じ生物の種内の個体間の関係から，異なる種間の関係，あるいは生物と環境との関係などが対象です。第6章では，食べる・食べられる（捕食被食）の関係に着目しました。有機物はどの生物が作り，どの生物が利用しているか，その関係が生物の多様性や保全にどう関わってくるのかを解説しています。生物多様性がどうして重要かという問題は他の書物に譲り，生物多様性を都合よく操作するのが難しいこと，新たな生物と生物のつながりが，有機物の循環に影響を与え，現在の環境が形成されるきっかけであることを学びます。多くの例を示すことはできませんが，興味があればぜひご自身で関連する書物などを探して学習することをおすすめします。

　もう一方の分野であるミクロ分野は，生物の体を構成する細胞や分子が中心となります。第7章では，細胞の構造や細胞を構成する分子の特徴とその役割について紹介しています。かつては抗生物質のような生物由来の比較的単純な分子を利用するものが多かったのですが，現在は，iPS細胞のような人工的に制御された細胞，遺伝子の一部を人工的な手

法で改変した作物，遺伝子を使ったワクチンなど，細胞や遺伝子といっ
た，より複雑なものが身近な所で利用されつつあります。これらが実際
に利用可能となるまでには，少なくとも日本では数多くの安全を確認す
る試験や検証が行われ，それに対する審査や届け出によって安全性等が
確認されています。そうはいっても，未知のものを実際に利用する時に
その安全性や原理を考えてみることは，大切です。そういう時に遺伝
子，DNA，細胞がどんなものかを知っていることが，その判断の助けと
なるでしょう。

　ただし，生物学を学習するときには，それほど現在や将来の社会問題
と結びつけることが重要なわけではありません。興味の赴くままに，
様々な生物の不思議な生態や，細胞や DNA からなる命の神秘的な部分
に思いをめぐらすことからはじめましょう。

1.4.3　化学へのガイド

安池智一

　化学の対象は，物質にまつわることのすべてです。およそあらゆる現
象は物質と無関係というわけにはいかないので，多くの分野を物質の立
場で眺めようとすると，そこには必ず化学が顔を出します。ところで，
一口に物質と言っても，身の回りの空気や水，大地を形作る岩石や鉱物，
生物の体を支える糖質やタンパク質など，これらは互いに随分見かけの
異なる多様な存在です。さらには，温度や圧力の変化，別の物質との遭
遇によってその姿を変えます。この「物質の多様性と相互変換の仕組
み」を明らかにすることが化学の出発点です。第 8，9 章では 18 世紀に
確立したこの出発点（科学として成立した原子論）について詳しく説明
しています。

　出発点が確立したのち，化学の考え方はあらゆる分野へ広がりまし

た。現在の化学が関係する領域は膨大ですが，大きく分けて有機化学，無機化学，物理化学と呼ばれる3つの領域に分類できます。

　有機化学は炭素を基本骨格に持つ有機化合物を対象とする分野です。118種類の元素のうち1種類の炭素を特別視するのは偏って見えるかもしれませんが，炭素は結合形式を変えて膨大な化合物を生み出す特殊な元素なのです。また，有機化合物は生命現象に関連する物質で，有機化学は生化学や創薬化学と密接な関係を持っています。有機化学では分子を作り出す合成研究も盛んです。合成化学の進展は，立体構造が制御された大きく複雑な分子の合成を可能とし，その技術は医薬品の製造などに役立てられています。

　無機化学は炭素以外のすべての元素を骨格にもつ化合物を対象とするので，やはり大きな分野を形成していますが，まだまだ調べ尽くしたというには程遠い状況です。関連分野も幅広く，宇宙化学，地球化学，海洋化学，大気化学などを挙げることができます。狭義の化学の領域で言えば，無機化合物は「魔法の石（触媒）」の材料となる点が最も魅力的です。産業革命の人口増大で土壌中の窒素が枯渇して農作物の生産が頭打ちになったとき，空気中の窒素を利用可能にした魔法の石は還元鉄でした。多くの自動車に排ガスを浄化する三元触媒が搭載されているのをご存知の方もいるでしょうか。

　物理化学は，対象物質によらない化学の基礎的な側面を探究する分野です。有機化合物と無機化合物はなぜこうも性質が違うのか，ある反応を早く起こそうと思えばどういう条件が望ましいのか，時々刻々動くミクロな対象を我々はどうしたらこの目で見たように観測できるのか。このような問いに答えるために，量子力学をはじめとする物理学の手法を適用し，物質の面白さの起源に迫る分野です。関連分野としては，量子化学，分子分光学，分析化学を挙げることができますが，量子化学に基

づく理論的な解析，高度な分光測定は幅広く有機化学や無機化学を含む化学全体へとその対象を広げています。

　化学は物質という窓を通じて自然科学の様々な分野，そして我々の生活，社会につながっています。そしてそれらの分野を眺める独自の視点を与えてくれるはずです。ぜひ一度化学の世界を覗いてみてください。

1.4.4 物理学へのガイド

岸根順一郎

　宇宙，地球，生命，原子・分子という順にスケールの大きなものから小さなものへと視線を移していくと，次は原子を構成する電子・原子核，原子核を構成する陽子・中性子，さらにこれらを構成するクォークというように，より基本的な物質の構成要素を探っていくことになります。物理学の目的のひとつには，このような物質の基本構成要素を探る試みが含まれます。これとは逆に，基本構成要素を集めて物質を作り上げるにはどうすればよいかという問題も物理学の対称です。

　現代の物理学の方法は，コペルニクス，ケプラーを経てガリレオ，ニュートンがほぼ完成させた近代科学の方法，つまり「実験して観測し，測定結果に基づいて法則を導き出す」というアプローチに基づいています。現在のところ，物理学には

- 力と運動の法則（運動方程式）
- 電場と磁場の法則（マックスウェル方程式）
- 熱力学第1法則（エネルギー保存則）
- 熱力学第2法則（エントロピー増大の法則）
- 量子力学の法則（シュレーディンガー方程式）

という5つの基本法則があります[*3]。本書の10章，11章でこれらの意

[*3] これに次ぐ基本法則がいくつかありますが，ここでは立ち入りません。

味を説明します。

物理学の特徴は，「研究対象」にあるのではなく「方法」にあります。その方法とはガリレオ，ニュートン的なレシピ，つまり基本的な物理法則に基づいて自然現象を記述していく方法です。逆に，この方法がうまく適用できない対象に物理学のメスを入れることは困難です。中谷宇吉郎（1900〜1962 年）の名言「火星へ行ける日がきても，テレビ塔から落とした紙の行方を予言することはできないことは確かである」[*4]は，物理学的な方法の特徴とその限界をよく言い当てています。どういうことでしょうか。そして，ある現象が物理学の研究対象となり得るかを判断するにはどうすればよいのでしょうか。その答えは 10.1 節で詳しく説明します。

1.4.5　数学へのガイド

隈部正博

同　値

数学の基本的考え方の 1 つとして，同値という概念がある。これについて考えましょう。

a, b を（あるきまった）実数としましょう。このとき

$$a < b \text{ を仮定すれば } 2a < 2b \text{ が成り立つ}$$

です（両辺を 2 倍すればよい）が，これを

$$a < b \text{ ならば } 2a < 2b \text{ が成り立つ}$$

ともいい，

$$a < b \Rightarrow 2a < 2b \text{ （が成り立つ）}$$

と書くことにします。すなわち「を仮定すれば」や「ならば」という言葉を，記号「⇒」で表すのです。また括弧書きにあるように「が成り立つ」は省略することもあります。「$a < b$」を p として，「$2a < 2b$」を q と

[*4]　『科学の方法』岩波新書（1958 年）p.86 より

すれば,「$a<b \Rightarrow 2a<2b$」は「$p \Rightarrow q$」とも書けます。

逆に「$2a<2b$ を仮定すれば(ならば)$a<b$ が成り立つ」です(両辺を2で割ればよい)が,先ほどと同様に「$2a<2b \Rightarrow a<b$」や「$q \Rightarrow p$」と書けます。「$a<b \Rightarrow 2a<2b$」と「$2a<2b \Rightarrow a<b$」をまとめて「$a<b \Leftrightarrow 2a<2b$」と書くことにします。記号 p, q を使えば $p \Leftrightarrow q$ です。このとき,p と q は同値であるといいます。これは $a<b$ という命題(文章）[5]p と $2a<2b$ という命題 q とは(記述,表現の仕方は違っても)同じ意味内容であることを示しています。以上をまとめて,

$$命題\ p : a<b\ と,\ 命題\ q : 2a<2b\ において,\ p \Leftrightarrow q$$

次に,放送大学の教員の集まりの中で考えましょう。(ある人をさして)「この人は隈部である」という命題を p とし,「この人は(本書)第12章の講師である」という命題を q とします。このとき(同じ名前の人がいないとすると),「この人は隈部である」ならば「この人は第12章の講師である」ですから,$p \Rightarrow q$ が成り立ちます。逆に「この人は第12章の講師である」ならば「この人は隈部である」ですから,$q \Rightarrow p$ も成り立ちます。したがって,$p \Leftrightarrow q$ が成り立ちます。つまり「この人」に関する記述の仕方は異なっても,同一人物をさしているので,p と q は同値である,といえるのです。以上をまとめて,

$$p : この人は隈部である,\ q : この人は第12章の講師である$$
$$において,\ p \Leftrightarrow q$$

もし第12章の講師が2人以上いたら,$q \Rightarrow p$ は成り立たなくなります。

一般に,命題 p を仮定すると命題 q が得られ($p \Rightarrow q$),q を仮定すると p が得られる($q \Rightarrow p$)とき,p と q は同値であるといい,$p \Leftrightarrow q$ と書きます。すなわち,命題 p と命題 q は(記述の仕方は違いますが)同じことを意味します。p と q が同値で,q と r が同値,さらに r と s が同値の

---

[5] 命題については第12章で詳しく考える。ここでは1つのまとまった意味を持った文章のことと思えばよい。

とき，p と s は同値です。2つの命題 p と s が，一見違うことをいっているように見えても，実は同値であることに気づくことがあります。数学の考え方として重要です。

2 | 天文学からはじめよう
：天文学と宇宙観

大森聡一

《**目標＆ポイント**》この章では，太陽系と全宇宙の2つのスケールで，天文学が私たちの世界観を変えてきた過程を紹介します。太陽系の話題では天動説と地動説の議論，全宇宙については望遠鏡による観測の歴史を紹介します。これらの話題から，思い込みや信念といった人間的要素や，観測積み重ね，人間が進める科学のいろいろな側面を感じ取って下さい。
《**キーワード**》天動説，地動説，ケプラー，望遠鏡観測，膨張宇宙，宇宙の歴史

2.1 天文学と私たち

　自然科学への第一歩を，天文学の話題から始めることにしましょう。天文学は，天体の運行（地球から見た星の動き）を記録することから始まって，現在では，宇宙の成り立ちを研究する学問となりました。その成果は，人の日常的な感覚とはかけ離れていて，私たちが日常を生きてゆくためには，あまり関係無いような気がしてしまうかもしれません。「星を見るのは好きだけど，勉強としてやるのは，ちょっとね…」と思われるかも知れませんね。しかし，天文学は，その黎明期から現在まで，人間の世界観に深く関わってきた学問であり，実は，人間社会の根っこを支えていると私たちは考えます。
　「宇宙の成り立ち」は，人間の世界観に大きく関る問題です（図2.1，口絵①）。人が「世界」を意識する始まりは，自分たちが見渡すことがで

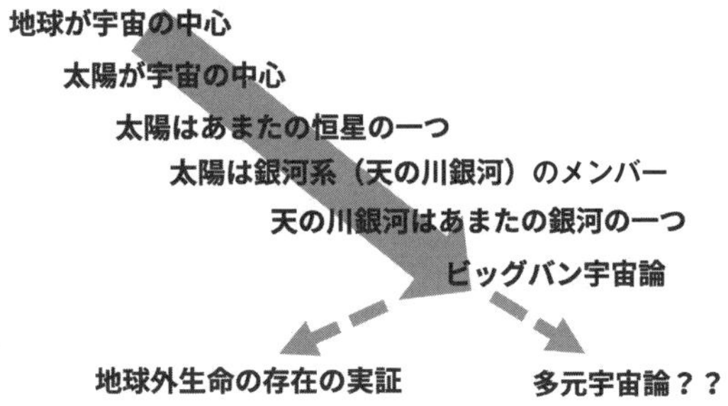

地球が宇宙の中心
太陽が宇宙の中心
太陽はあまたの恒星の一つ
太陽は銀河系（天の川銀河）のメンバー
天の川銀河はあまたの銀河の一つ
ビッグバン宇宙論
地球外生命の存在の実証　　　　多元宇宙論？？

図2.1　天文学が明らかにしてきた宇宙の成り立ちと世界観の変化

きる範囲の成り立ちを考えることであったと考えられます。私たちが水平線方向に見渡すことができる範囲は限られているのに比べて，上空を見上げれば，星々がそこにあり，これによって地球人は自然に地上とは別の世界の存在を感じていたのではないでしょうか。もし，常に雲に覆われた惑星で生命が文明を持つまで進化したとしたら，その世界観や自然科学は，人類文明とは異なる道をたどったと思います。

　天文学の発展の過程には，第1章で紹介した，科学の進歩の段階と，「巨人の肩に乗る」という自然科学の性質が良く表れています。この章では，科学の段階的進歩と世界観の変革の一例として，「天動説と地動説」の議論と，望遠鏡による様々な観測が明らかにしてきた「世界の成り立ち」を紹介します。

2.2　天動説と地動説

2.2.1　どちらが動く？

　地球から見た太陽やほかの天体の運行を説明する学説として，「天動

説」が信じられてきた時代があり，17 世紀末ごろに「地動説」がほぼ確かであることが受け入れられるまで，それは続きました。天動説は，宇宙の中心である地球のまわりをほかの天体が回転しているという考え（地球中心説）です。地動説は，太陽を中心として地球を含むその他の天体（恒星を含む）が回転（公転）しているという考えでした（17 世紀には，まだ太陽が宇宙の中心なのか否かは明らかになっていませんでした）。どちらの説も，毎日の太陽の運動，季節による太陽高度の変化や夜空の星座の変化，および星座の中を行ったり来たりする惑星の運動（図2.2）などを説明するための，宇宙の成り立ちのモデルでした。

　天動説の考え方の中には，人間 – 地球中心主義に基づく思弁的な要素もあり，現在の私たちから見ると，非科学的な根拠による学説であったかのような印象を持たれるかもしれません。しかし，天動説は，当時の

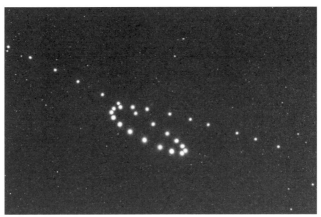

画像提供：Tunç Tezel

図 2.2　天球上の火星の順行と逆行

位置を変えない星座の星々を背景に，火星が時間と共に右上から左下に位置を変えて行く様子。およそ半年間の変化を示している。左方向への移動を順行，右方向への移動を逆行と呼ぶ。

限られたデータと知識の範囲で，現象を数学的に説明するために考えぬかれた学説という面も持っていました。一方で，地動説は，古代ギリシャ時代にすでに提唱されてはいたものの，天動説に勝る科学的根拠を示すことができず，その後，1500年以上も顧みられない時代がありました。そして，16世紀のルネッサンスの社会的背景のなかで復活し，新たな高精度の観測とその解析による法則性の発見，そして，ガリレオやニュートンらによる，物体運動の法則と万有引力の法則という物理学的な援軍を得て，17世紀には広く受け入れられるようになりました。

2.2.2 天体の運行に関するモデルの歴史

　古代ギリシャからニュートンまでに提案された天体運行モデルについて，そのモデルの特徴を表2.1，代表的モデルによる惑星の運動図を図2.3にまとめました。ここから，読み取ることができる天体運行モデルの歴史のポイントは，以下のようになります。

暗黙の等速円運動：まず，観念的宇宙観として，後の研究に長きにわたり影響を与えたのが，紀元前5世紀のピタゴラス学派の宇宙観です。数学的な秩序が宇宙を支配しているとの考えから，宇宙の形や運動が，球や円を基本にしていて，その運動は等速円運動である，という観念論的モデルを示しました。このモデルは，プラトンやアリストテレスのモデルにも引き継がれました（図2.3a）。特に，天体の運動が円運動である，という概念は，後にケプラーによる楕円軌道モデルが提示されるまで，ほとんどの天体運動論でも前提とされていたように，後々のモデルに大きな影響を与え続けることになりました。

古代ギリシャの地動説：古代ギリシャ時代に，アリスタルコスは，三角測量の原理で，太陽と地球と月の間の距離の相対的大きさを見積り，地

表2.1 天動説と地動説にかかわる天文学の業績

年代	人名	天動説	地動説	主な業績・主張
紀元前7～6世紀	タレス			神々の支配から独立した宇宙観
紀元前7～6世紀	アナクシマンドロス	○		平面大地宇宙・天と地を同質とする
紀元前6～5世紀	ピタゴラス学派	○		数学に基づく世界観，球や円で世界は出来ている。等速円運動の天体運動
紀元前5～4世紀	フィロラオス		○	中心火の周りを回る天体，地球は自転している
紀元前5～4世紀	エウドクソス	○		同心天球説
紀元前4世紀	アリストテレス	○		地球の自転なし・惑星の配列を正しく認識（太陽，月，地球以外）
紀元前4世紀	ヘラクレイデス	○		地球の自転有り，水星と金星は太陽の周りを公転する
紀元前4～3世紀	アリスタルコス		○	太陽，地球，月の距離と大きさの比，太陽の大きさから，地球が太陽の周りを公転するのが自然と考えた
紀元前3～2世紀	アポロニオス	○		周転円モデルの始まり
紀元前2世紀	ヒッパルコス	○		周転円モデル，星表作成，歳差の発見
2世紀	プトレマイオス	○		2000年前からのデータを用いて，離心円中心（エカント）と周転円モデルで，天体の位置を予測可能なレベルのモデルを構築
1543	コペルニクス		○	地動説，「天体の回転について」
1584頃	ブルーノ		○	恒星も太陽と同じ，宇宙は無限
1570～1600	チコ	○		天体位置の精密観測
1609	ケプラー		○	「新天文学」（第1第2法則），公転軌道は楕円である
1619	ケプラー		○	「世界の調和」（第3法則）
1632	ガリレオ		○	「天文対話」出版
1687	ニュートン		○	「プリンキピア」出版，万有引力の法則

中村（2008），海部・吉岡（2009）などを基に編集。

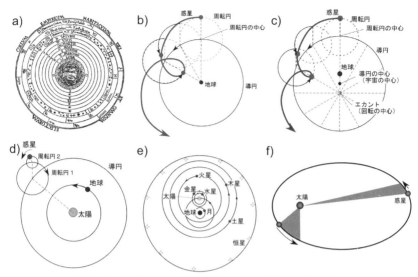

図 2.3　紀元前から 17 世紀までの天体運行モデル

a) アリストテレス：地球，月，太陽以外，惑星の配置の順序は，すでに正しく見積られていた。
b) 天動説周転円モデル（アポロニウス，ヒッパルコス）：外惑星の逆行を説明するために「周
転円」が考え出された。c) プトレマイオスによる天動説の集大成：不等速円運動の導円などの
工夫がなされている。実際のモデルでは，複数の周転円が用いられている。d) コペルニクス
の地動説＋周転円モデル：太陽が中心となったが，周転円は残った。e) チコの太陽系：チコは，
地球以外の惑星は太陽の周りを公転すると考えたが，年周視差が観測されないことなどを根拠
に，地球は宇宙の中心に置いた。f) ケプラーの楕円軌道＋面積速度一定モデル

球よりもはるかに巨大な太陽が，小さな地球の周りを回転するのは「不
自然である」という，観測と直感の両方から，地球の公転を主張したと
されています。しかし，まだ物体の運動の性質が明らかになっていな
かった当時としては，「不自然」という直感を肯定する理由も否定する理
由もありませんでした。また，アリスタルコスは，ほかの惑星の運動を
含めた，太陽系全体の成り立ちにはふれていません。この様な理由か
ら，プラトンやアリストテレスといった，大学者の説に取って代わるこ
とはなかったのだと想像されます。

天動説モデルの熟成：その後，天動説の考え方の発展形として，より精密に天体の運行を説明するためのモデルとして，周転円を持つ軌道モデルが提案されました。このモデルは，惑星の順行・逆行を説明するために，円軌道上に中心を持つ別の円軌道（周転円）を導入して，地球から見た複雑な惑星の運動を説明しようとしています（図2.3b）。この周転円モデルの集大成が，プトレマイオスでした。プトレマイオスの頃には，各惑星の運行・位置に関する観測データの蓄積もあり，過去の天体の運行をできるだけ良く再現する数学モデルを構築し，これを用いて将来の天体の運行を予測する，という天文学研究の枠組みが構築されていました。プトレマイオスの天動説モデルでは，一つの惑星の運行をいくつもの周転円の組み合わせで再現しています。また，主軌道に，離心円（地球が回転の中心からずれた場所に位置している）を導入し，また，エカントという円運動の速度を変化させるための仮想的運動中心を導入したことが特徴です（図2.3c）。エカントの導入により，惑星の運動は，円軌道を基本としてはいるものの，運動速度は一定ではなくなり，ピタゴラス学派以来の等速円運動モデルから脱却しました。離心円軌道と不等速運動という性質の導入は，のちにケプラーが発見した，第一法則と第二法則に通じるものがあります。一方で，この不等速円運動を導入したことが，約1500年後にコペルニクスがプトレマイオスの天動説モデルに疑問を持つきっかけになったのでした。

地動説の復活：16世紀，ルネッサンスの時代になり，天体運行に関するモデルは，新たな展開を迎えます。コペルニクスから始まり，ケプラー，ガリレオ，そしてニュートンへとつながる地動説復活の時代です。コペルニクスは地動説を復活させましたが，一方で，プトレマイオスが観測をより良く説明するために導入した，不等速円運動という新しい考えを否定し，古代ギリシャから続く，暗黙の「天体の運動は等速円運動であ

るべき」という思い込みも復活させました（図2.3d）。コペルニクスの提示した太陽系モデルは，太陽を中心とする離心円を惑星が公転し，月は地球の周りを公転するという，現在，私たちが知っている太陽系に近いものでしたが，その一方で，等速円運動を前提としたために，観測される惑星の位置との間にずれが生じ，そのズレを解消するために，それぞれの惑星は周転円，すなわち，現在私たちが知っている物体の運動法則的にはあり得ない要素を引き続き含んでいました（図2.3d）。天動説モデルでは，主に惑星の順行・逆行を説明するために，周転円が不可欠でしたが，コペルニクスの地動説モデルでは，惑星の位置をより精度良く再現するために，周転円が残されたのでした。

チコの観測とケプラーの法則：16世紀後半から17世紀にかけて，チコ・ブラーエによる惑星軌道の精密測定と，そのデータを用いたヨハネス・ケプラーによる，惑星軌道の3法則の発見により，地動説の確立は最終段階を迎えます。チコは，壁面四分儀という，半径約2メートルの分度器のような巨大な観測装置を用いて，精密な天体の位置観測を行い，自らの観測に基づいた惑星モデルを提案していますが，それは，地球以外の惑星は太陽の周りを公転し，しかし，太陽も地球の周りを公転している，という地動説と天動説の中間のようなモデルでした（図2.3e）。チコが，地球中心説にこだわった理由の一つは，彼の高精度の観測（最小5秒（5/3600°）角で天体の位置を決定できた）によっても年周視差が認められないという観測でした。年周視差は，地球が公転していたとすれば，地球の位置が変化することによって，恒星が見える向きが微妙に異なるであろう，という幾何学的な予測です（図2.4）。年周視差が観測されない理由は，地球が恒星の回転の中心であるか（天動説），または恒星がすごく遠いので年周視差が観測限界以下であるか，のどちらかです。年周視差は，地動説の証明や恒星までの距離（宇宙の大きさ）に関わる，

重要な要素であったのです。

　チコの死後，彼の観測データは，ケプラーに引き継がれます。ここで，特に問題となったのが，火星の軌道でした。コペルニクスによる地動説モデルに基づく暦が予測する火星の位置と，チコの観測によりえられた火星の位置との間には，最大で8分（0.13°）の差が認められました。この差は，チコの観測精度では，もはや，誤差と見なすことはできず，すなわち，モデルが，実際の惑星の運行を正しく再現できていない，という問題を浮かび上がらせたのです。ケプラーは，地動説の考えに基づいて，チコのデータから，地球と火星の軌道を決定しました。観測値から得られた軌道の形を数学的に表現する方法を試行錯誤しながら探索して，楕円軌道という結論にたどり着いて，次の第1，2法則を導きました。

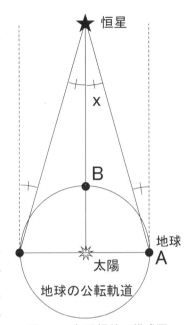

図2.4　年周視差の模式図

太陽の周りを公転する地球が，Aの位置とBの位置にいる時では，恒星が見える方向が角度xだけ異なるはずである。xの大きさは，恒星までの距離で決まる（近い星で大きく，遠い星で小さい）。

第1法則：すべての惑星は，太陽を焦点の一つとする楕円軌道を巡る（図2.3f）

第2法則：惑星と太陽を結ぶ線分が，一定時間に通過する面積は等しい（図2.3f）

　また，これらの法則の10年後に発表された第3法則は，

第3法則：すべての惑星の公転周期の2乗と太陽からの平均距離の3乗の比は一定である，となります。

　これらの法則が描く太陽系 – 宇宙像は，後にニュートンにより一般化される物体の運動に関する物理法則と調和的で，また，万有引力の法則とも調和的でした。ここで，脈々と続けられてきた天体観測データの蓄積が，正しい一般化により，第1章で示した科学の第3段階に発展した，ということができます。

2.2.3　天体運動論の一般化

　ニュートンによる万有引力の法則の発見と運動の法則の総合化は，地動説を受け入れれば，惑星の運動と地上の物質の運動が，統一的に説明できることを示しました。しかし，この状況においても，地球の公転を証明する「年周視差」は観測されておらず，また，地球の自転を観測によって証明することもできていませんでした。しかし，天動説よりも地動説の方が，自然を統一的に説明することができることが示されたことによって，趨勢は決したと言えるでしょう。そして，天動説やコペルニクスの地動説モデルで重要であった惑星の周転円運動は，物体の運動法則では説明のできない運動（中心への引力なしに物体は円運動しない）であることも明らかになったのです。宇宙の研究は，地動説とニュートンの力学に基づいた，物理 – 数学的研究の時代へと変化したといえます。例えば，1705年には，地動説とニュートン物理学に基づき，ハレーが，現在ハレー彗星と呼ばれている彗星の再出現を予測し，1758年に彗星が出現したことで，予測が正しかったことが証明されました。

2.2.4　地動説以降の天文学：望遠鏡の時代

　さて，これで，天体の運行と宇宙の構造についての問題は，解決されたでしょうか？　実は，地動説（太陽中心説）にも大きな問いが残りました。それは，「太陽は宇宙の中心なのか？」という問題です。コペルニ

クスによる地動説の提唱の後，16世紀末に，科学哲学者のブルーノは，思弁的に「太陽も地球も宇宙の中心ではなく，恒星の1つに過ぎず，ほかの恒星の周りにも地球のような惑星が存在する可能性がある。また，宇宙は無限で，中心というものを持たない」というモデルを提唱しています。このモデルは，現代の宇宙観にかなり近いものでしたが，観測により導かれた結論ではありませんでした。この問題に取り組むためには，望遠鏡という新たな観測機器を用いた観測データの積み重ねが必要だったのです（表2.2）。望遠鏡は，1608年にオランダで開発され，ガリレオは，すぐにこれを自作して観測に用いました。この観測による木星の衛星の発見は，大きな天体の周りを小さな天体が公転する運動を初めて観測したという重要な意味を持っています。また，ガリレオは，望遠鏡を用いた観察により天の川が無数の恒星の集合体であることや，月の表面地形が地球に類似していることを発見しました。

表2.2　望遠鏡が変えた世界観の歴史

西暦	出来事	人名	望遠鏡観測の成果
1608	望遠鏡の発明	リッペハイ（蘭）ほか	
拡大観察の時代			
1609	月面の観察	ガリレオ（伊）	地球に似た凹凸のある月面地形を発見
1609	天の川の観察	ガリレオ（伊）	天の川が無数の恒星の集合であることを発見
1610	木星衛星の発見，	ガリレオ（伊）	天体の公転を初めて観察した
精密位置測定の時代			
1718	恒星の固有運動の発見	ハレー（英）	太陽系と恒星の相対運動が存在する → 太陽は宇宙の中心ではない
1727	光行差の発見	ブラッドリー（英）	地球の公転（地動説）の証明

1781	天王星発見	ハーシェル（英）	
1783	太陽と太陽系の固有運動	ハーシェル（英）	太陽の運動方向を固有運動の観測から求めた
1838〜1839	恒星の年周視差の測定	ベッセル（独），ヘンダーソン（英），ストルーヴェ（露）	恒星までの距離が初めて測定された
1846	海王星の発見	ルヴェリエ(仏)，アダムス（英），ガレ（独）	ニュートン物理学によって予測された位置に確かに惑星が発見された

スペクトル測定の時代

1924	渦巻き星雲の正体の解明	ハッブル（米）	銀河系の外に同様の銀河が存在することを明らかにした
1929	ハッブル-ルメートルの法則（銀河の後退速度と距離関係の発見）	ルメートル（仏），ハッブル（米）	膨張宇宙の発見

超精密・大量観測の時代

1930〜70年代	暗黒物質（ダークマター）の存在が示唆される		銀河の移動速度や銀河内の恒星の運動の観測などから，恒星として見えている物質以外の質量が必要とされた
1977〜1989	宇宙大規模構造の発見		銀河の分布が泡状であることを明らかにした
1995	恒星の周りを公転する太陽系外惑星の発見（ドップラー法）	マヨール（瑞），ケロズ（瑞）	太陽系外惑星研究の始まり
2008	太陽系外惑星の直接撮像	カラス（米）ほか，マロア（加）ほか	初めて，太陽系以外の惑星を点として見た
2019	系外惑星大気の観測		水蒸気のスペクトルを確認
2019	ブラックホールの撮像		VLBIによる観測で，ブラックホールを可視化した

中村（2008），海部・吉岡（2009）などを基に編集。

2.3　拡がる宇宙

2.3.1　太陽中心説から現在の宇宙観へ

　望遠鏡による観測は，対象を拡大して観察するだけではなく，天球上の恒星の位置を精密に測定したり，1つの恒星が発する光を観測してその性質を調べるなど，天文学に新たなデータを提供することになりました（表2.2）。恒星の位置の精密測定の目的の一つは，地球の公転を証明する年周視差の発見でした。また，色（スペクトル[*1]）による恒星の分類という新たな記載分野を生みました。また，これらの観測は，天体までの距離を測定する方法と密接に関連しています。そして，天体までの距離を測ることで，私たちの宇宙の大きさを議論することが可能になり，そして，この宇宙が思いもかけない性質を持っていることが明らかになりました。

2.3.2　恒星位置の精密測定

　天文学者が年周視差の発見を目指していた，18世紀前半，恒星位置の精密測定から得られた重大な成果の一つが，ハレーによる恒星の固有運動の発見でした。ハレーは，プトレマイオスやチコらによる過去の恒星位置データと自らの観測結果から，長い時間間隔で比較すると，恒星の中に，その位置が変化しているものがあることを発見しました。星座の形は不変ではなかったのです。これは，現在では恒星の固有運動として知られている運動です（図2.5a）。この運動は，個々の恒星が運動していると同時に，太陽系も銀河系の恒星の中を運動していることにより，恒星との相対的位置関係が変化することを反映しています。電車や車で移動している時に，近くの風景は飛び去っていくけれど遠くの風景は止

[*1] スペクトル：太陽の光をプリズムに通すと，連続的に色が変化する光の帯が得られる。これは，さまざまな波長（色）の光が混ざった状態の太陽光が，プリズムで光が屈折することにより，波長（色）ごとに並べられたものである。この，波長（色）の並び方をスペクトルと呼ぶ。

まって見えるのと同じ原理で，一般的に，固有運動が大きい恒星は太陽系に近く，小さい場合は太陽系から遠い，ということが言えます。固有運動データの蓄積により，星々の中を太陽が移動している方向が，ハーシェルによって求められました。これは，太陽は宇宙の中心ではなく，あまたの星々の一つであり，その星々の中をある方向に運動している存在である，という宇宙観の革新であったのです。

　固有運動の発見の直後に，さらに恒星の位置の精密測定から，光行差と呼ばれる現象が発見されました（図2.5b）。これは，恒星の位置が，1年周期で小さな円を描いて変化して見える，という観測に基づいています[*2]。この変動は，図2.5bに示したように，移動する車や列車の窓につく雨の軌跡と同じ原理で説明できます。地球が運動していて，しかも太陽の回りを公転しているために，恒星の光が，周期的に違う方向（地球の運動の前方）から来るように見えるのです。この現象を光行差と呼

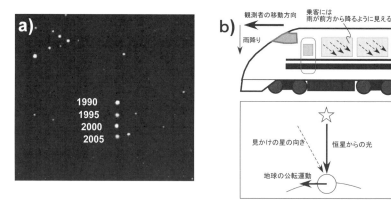

図2.5　a) 恒星の固有運動　b) 光行差の原理

a) 恒星の固有運動：地球から約5.9億光年の位置にあるバーナード星の固有運動。5年間で約1°の位置変化が観測される。b) 光行差の原理：列車の乗客には，真上から降る雨が斜め上前方から降るように見える。同様に，公転する地球からは，恒星の光が，地球の進行方向にずれた方向から来るように見える。

[*2] 年周視差による恒星のみかけの位置の変動も同じ1年周期の円運動になるが，ここで発見された変動は，年周視差の予想と3ヶ月（90°）ずれていた。

び，その発見により，地球の公転が実証され，すなわち，地動説が観測により証明されたのです。光行差は，光速と地球の公転の速度に依存する現象で，恒星までの距離に依存しないため，観測精度があるレベルに達した段階で必然的に発見されたといえるでしょう。

2.3.3　天体までの距離を測る

　固有運動の観測から，太陽系に近い恒星と遠い恒星の相対的見積りが可能となりましたが，実際の距離を求めることはできません。宇宙の中における太陽系の位置づけを知るためには，地球から観測できる天体までの距離を測ることが必要でした。たとえば，アンドロメダ銀河までの距離は，約 250 万光年と見積られていますが，どのようにしてその距離を求めたのでしょうか？

　天体までの距離を測定する方法は，大きく分けて 2 つの考え方に分けられます。第一は，三角測量の原理の応用で，目標とする天体を異なる 2 点から観測して，その 2 点と天体を頂点とする三角形を用いて，距離を見積る方法です。この方法は，年周視差（図 2.4）の測定に他なりません。年周視差は，地球の公転の証明となるだけでなく，恒星までの距離測定，すなわち宇宙の大きさの測定のために重要な要素でした。

　望遠鏡による観測精度の向上と，固有運動の観測から地球に近そうな（年周視差の大きそうな）恒星の見当を付けられるようになったこともあり，年周視差の観測に成功したのは，1838〜39 年のことでした。これにより，地球の公転があらためて確認されたと同時に，恒星までの距離が測定されました。太陽に最も近い恒星は，4.4 光年の距離にあり，その年周視差は，0.74 秒角（＝ 0.00021°）でした。現在では，恒星からの電波を利用して，電波の到着時間のズレから三角測量を行う方式（超長基線電波干渉法：VLBI）による距離測定も行われています。

　恒星までの距離を見積る第二の方法は，恒星の絶対等級と見かけの等級の関係を用いる方法です。原理は，同じ明かりも遠くから見れば暗い（光源が照らす明るさが，光源からの距離の2乗に反比例する），という法則です。絶対等級（＝星の実際の明るさ）と見かけの等級（地球で観測した明るさ）がわかれば，距離を計算できることになります。この方法で重要なのは，絶対等級の見積りです。絶対等級の見積りには，恒星の色と明るさに関する観測の蓄積や，それから導かれる恒星が輝く原理に関する研究の進歩が必要でした。これらの研究の積み重ねから，恒星の色やセファイド型変光星と呼ばれる特別な恒星の変光周期[*3]を測定することで，絶対等級の見積りが可能となり，距離測定可能な範囲が急速に拡大しました。

2.3.4　ハッブル-ルメートルの法則と膨張宇宙

　アメリカの天文学者，エドウィン・ハッブルは，1923年に，セファイド型変光星を用いた渦状銀河までの距離の測定により，望遠鏡で見える星雲状の天体が，私たちの銀河系（天の川銀河）の外にある別の銀河で，宇宙には無数の銀河が存在することを明らかにしました。ハッブルの観測データを用いて1927年にジョルジュ・ルメートルが，また1929年にはハッブルが「遠くの銀河ほど速い速度で地球から遠ざかっている」という法則を報告しました（図2.6）。この発見が，宇宙の起源に関するビッグバン理論を支持する重要な証拠となって，私たちの宇宙には始まりがあり，宇宙の大きさは有限で，宇宙は現在のところ膨張している，という現代の宇宙観が発展することになったのです。

　この法則は，銀河までの距離に加えて，その銀河が地球から遠ざかる速度を測定した結果導かれたのですが，「銀河が地球から遠ざかる速度」は，どのように求められたのでしょうか。これには，およそ次の4段階

[*3] セファイド型変光星とは，特徴的な明るさの変動パターンを周期的に繰り返す恒星で，その変動周期が長いものは絶対等級が小さく（明るく），周期が短いものは大きい（暗い）。

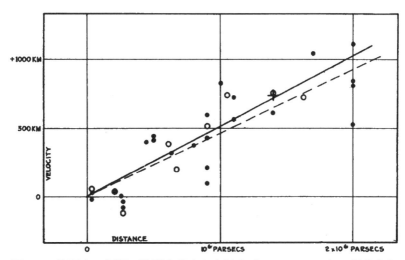

図 2.6　後退する銀河の法則を発表した論文（Hubble, 1929）に掲載され
たグラフ

銀河系外の星雲について，横軸が地球からの距離（パーセク：1 パーセク ≒31 兆 km），縦軸が，
地球から遠ざかる速度（km/秒）

の物理学や天文学の進歩が関連しています。

1）太陽のスペクトルに，300 本あまりの暗線が有ることの発見（1817
年，フラウンホーファー）

2）この暗線は，太陽（恒星）表面の化学組成を反映していて（1880 年頃，
キルヒホッフ），どの恒星にも共通である

3）光にドップラー効果[*4]が存在するという予測（1842 年，ドップラー）

4）実際に，恒星のスペクトル中の暗線の位置に系統的なズレが発見され
て，ドップラーの予想が証明された（1890 年頃）

　ハッブルは望遠鏡観測により，ほとんどの銀河のスペクトルが，赤色
方向にずれていること（赤方偏移）を発見しました。赤色方向のずれは，

[*4]　ドップラー効果：音波や光のような波の発生源が移動するとき，発生源が近付く場合
には波の振動が詰められて周波数が高くなり，逆に遠ざかる場合は振動が伸ばされて
低くなる。救急車などが通り過ぎる際，や電車で踏切を通過する際に，近付くときに
はサイレンや警報音が高く聞こえ，遠ざかる時には低く聞こえるのはこの現象による
ものである。

波長が長い方（音で言えば低音方向）にずれていることを示しています。これにより銀河が地球から遠ざかっていると結論されたのです。ずれの大きさは速度に比例するため，「後退速度」の大きさを見積ることができます。この様にして，図 2.6 のグラフが作られました。ハッブル‐ルメートルの法則から，時間を逆回しにすると宇宙はある 1 点に戻ることになります。それが宇宙の誕生であると考えて，宇宙の年齢の見積りがなされました。現在，得られている 138 億年という年齢も，基本はこの法則に基づいて，最新の観測データから導かれています。ここで，1 点注意が必要なのですが，ビッグバン理論による宇宙の膨張が銀河の赤方偏移の原因であるとすると，空間自体が引き延ばされているために波長が伸びているのであって，厳密には運動によって生じるドップラー効果とは異なる現象になります。

2.3.5　精密かつ大量の観測：銀河の成り立ち，宇宙の大構造，系外惑星

　現代では，拡大観察，位置の決定，およびスペクトル観測という望遠鏡観測の機能が精密化され，また大量に観測する方法が開発されています。可視光に加えて電波から X 線まで電磁波全般を利用して，大型望遠鏡や宇宙望遠鏡による観測，地球上の複数の電波望遠鏡が共同する観測，そしてデジタル画像処理などの技術の進歩が，様々な知見と新たなナゾをもたらしています。たとえば，地球から観測される銀河の座標を決めて宇宙における銀河の分布から宇宙の大規模構造を明らかにしたり，個々の銀河内の恒星のドップラー効果から銀河の回転運動の特徴を明らかにするなどの観測から，光（電磁波）で見えている物質以外に大量の質量が存在する可能性が示唆されました。その質量は暗黒物質（ダークマター）と呼ばれていますが，実体はまだ明らかになっていません。

　私たちの太陽系を含む天の川銀河系内の恒星についての精密観測は，恒星を公転する惑星の存在を明らかにし，現在ではいくつかの系外惑星が光の点として観測されています。また，系外惑星の持つ大気のスペクトルも観測され始め，大気の化学組成に基づく生命存在の証拠発見も期待されています。

　天の川銀河内の恒星の運動についても精密な観測が行われています。各々の恒星の運動を逆回転することで過去の銀河系の「地理」を推定することが可能となり，銀河系内における太陽系の位置と他の恒星との関係が地球の生命の歴史に影響を与えた可能性なども議論され始めています。

まとめ：現在進行中の天文学

　古代ギリシャ時代の直感的宇宙観から，膨張宇宙やダークマターといった直感的にはとらえにくい事象の発見まで，天文学が明らかにした宇宙像の変遷を説明しました。天文学の進歩は，人間の宇宙観を変革し，地球が宇宙の中心である，という地球中心説から，太陽を中心とした宇宙観，そして，太陽が無数の恒星の一つであり，そして，銀河系も無数の銀河の一つであることを明らかにしてきました。しかし，私たちは，まだ地球以外に生命の住む惑星を知りません。現在～未来の天文学では，太陽系の他の天体や，太陽系外惑星に，生命の証拠・痕跡を発見することが，大きな研究目的の一つとなっています。ほかの天体に生命が発見されるとき，私たちの宇宙観・世界観は，また大きく変革されることになるのではないでしょうか。

引用文献

□中村士『宇宙観の歴史と科学』放送大学教育振興会（2008 年）
□海部宣男，吉岡一男『宇宙を読み解く』放送大学教育振興会（2009 年）
□E. Hubble, "A Relation between Distance and Radial Velocity among Extra-Galactic Nebulae", National Academy, Vol. 15, pp.168-173, PNAS (1929)

参考文献

□『新地学図表』浜島書店
□青木満『それでも地球は回っている―近代以前の天文学史』ベレ出版（2009 年）
＊以下の，天動説・地動説に関る著作は，原著の翻訳が出版されています。論文のスタイルに，その時代の科学の雰囲気が感じられると同時に，科学の言葉で伝える，という現代と共通の哲学を読み取ることができます。
□プトレマイオス『アルマゲスト』
□コペルニクス『天球回転論』
□ヨハネス・ケプラー『新天文学』

3 現在の地球

大森聡一

《**目標＆ポイント**》この章では，現在の地球の成り立ちと，地球の成り立ちを考える上で重要な「システム」という考え方，およびそれに基づく地球システムという考え方を紹介します。
《**キーワード**》地球の構成，システム，地球システム，地球環境，対流

3.1 「地球は生きている」

　「地球は生きている」という表現にどこかで触れたことのある方は少なくないと思います。私たちが，地球が生きているように感じるとしたら，その理由はなぜでしょうか。それは，例えば，毎年の季節の変化や台風・竜巻などの気象現象，時々起こる中小地震，または，人生の内で体験する人もいれば体験しない人もいる，比較的まれな巨大地震や火山噴火などの現象の体験や，または，グランドキャニオンのような巨大な渓谷や，さまざまな壮大な風景を造りだした長い年月の地球の変動を想像したときに，なにか，大きな活動を感じるからかもしれません（図3.1）。

　この章では，時に，生きているように感じられる地球の現在の姿を紹介し，変動現象を理解するために大切な考え方である，「地球システム」という考え方を学びます。地球のさまざまな時間スケールにおける変動を，体系化して理解し，将来を予測可能な科学に発展させるためには，「システム」という考え方で，複雑な現象の絡まりを解いてゆくことが必

図 3.1 さまざまな地球の活動

a) 火山噴火（小笠原諸島，西之島）（出典：海上保安庁），b) 台風の渦（出典：国立情報学研究所），c) グランドキャニオン，d) 地震により生成した断層（熊本県益城町）（出典：産業総合研究所地質調査総合センター）

要なのです。

3.2　地球の構成要素

　この章で「地球」と呼んでいるのは惑星としての地球を指します。この節では，惑星「地球」を主に空間と構成物質に注目して，いくつかの要素に分けて説明しましょう（図3.2）。

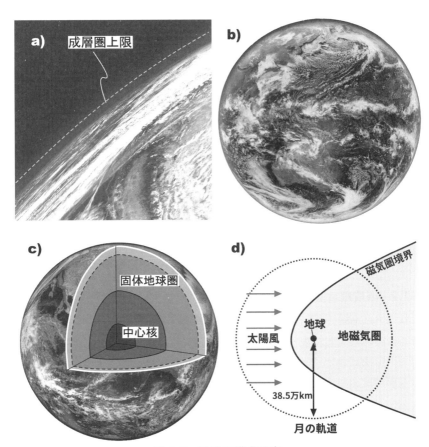

図3.2　地球の構成要素

a) 宇宙から見た「大気圏」（成層圏がうっすらと灰色に見えている。白い部分は雲で対流圏内で生成している），b) 宇宙からみた表層環境圏の海，陸，および対流圏の雲（気象衛星ひまわり9号による地球の衛星画像）（出典：気象庁），c) 固体地球圏と中心核，d) 地磁気圏と月の軌道

3.2.1　大気圏

　大気圏が宇宙空間と地表の間に存在しています。大気圏は，気体が主な構成物質で，その気体の温度によって，対流圏（地表～最大17km高

度），成層圏（17〜50km），中間圏（50〜80km），熱圏（80〜約 800km）に分けられています。高度が高い領域ほど気体の密度が低くなり，成層圏上部では地上の 1 万分の 1 程度，熱圏では地上の 1 兆分の 1 以下の密度となります。たとえば，国際宇宙ステーションは高度約 400km に位置しており，定義的には大気圏内を周回していますが，宇宙空間を飛んでいる，というイメージも間違ってはいません。対流圏は，地表に接していて，気象現象が起きる領域です。大気が太陽光によって温められて膨張して上昇，一方で相対的に低温で密度が高い大気が下降する，という対流と呼ばれる現象を原動力にして，地球全体から地域的なスケールまで，様々な規模で大気の流れが発生することが気象現象の基本的な原因となっています。

3.2.2　表層環境圏

　私たち生命が生息している地表と海洋および大気圏の対流圏とをあわせて，この章では，表層環境圏と呼びます。表層環境圏は，対流圏下部，海洋，固体地球の表面部分，そしてこれらの境界で作られる土壌，河川，堆積物（泥砂）などの物質や，生命がその構成要素になります。生命誕生や人類文明など，最も複雑な現象が起きたのが，この表層環境圏ということになります。対流圏で起きる気象現象は，蒸発→降雨→河川→海洋という水の循環を形成し，水の循環は岩石の風化・侵食を伴い，地形を改変し岩石を構成する元素を循環させています。海洋は，表面は太陽光で温められ深海は冷たいため，大気のような温度差による対流は起きにくいのですが，大気の運動により海流が作られ，また蒸発によって塩分が高く密度が高い海水が表面付近に生成されて，これが沈み込むことによって生じる熱塩循環という流れによって，全地球規模の海水の循環が存在しています。

3.2.3　固体地球圏

　岩石で構成された厚い層（約 2900km 厚）が固体地球圏です。固体地球圏は，ほとんどが，かんらん岩という岩石に近い化学組成を持つと考えられている，「マントル」と呼ばれる部分に占められています。マントルとは，「マント」と同じ語であり，外側を被うもの，という意味で用いられています。しかし，実際は，固体地球圏の一番外側には，厚さが約 5km から最大 70km 程度の，「地殻」と呼ばれる，マントルとは化学組成の異なる岩石で構成される薄い層が存在しています。地殻を構成する岩石は，温度や水の作用によって，マントルの岩石から融けやすい成分がマグマとなって取り出された「火成岩」や，地殻の岩石が風化してできた砂泥や生命が作った殻または生物起源の有機物などが固まった「堆積岩」，そして，これらの岩石が，再び高温にさらされて化学反応を起こしてできる「変成岩」からできています。また，人類が利用している物質・エネルギー資源も，地殻内に存在しています。

　地殻とマントルの最上部は，地球の表面の固い岩盤（プレート）を形成し，現在の地球では 10 枚程度のプレートが地球の球面上を水平方向に移動しながら，その境界で，新たなプレートの誕生，沈み込みや衝突などの変動を起こしています。火山活動や地震は，プレートの運動と密接に関連して引き起こされています。マントルは固体の岩石ですが，高温高圧の状態では流動性が高くなり，マントル対流と呼ばれる運動が存在し，プレートの運動はマントル対流との相互作用で駆動されていると考えられています。

3.2.4　中心核

　地球の中心部（2900km〜）には，金属鉄合金が存在していて，これを中心核と呼んでいます。中心核は，液体の外核（2900〜5100km）と固体

の内核（5100〜6400km）に分けられます。外核の部分では，温度が融点よりも高いため，金属鉄合金が融解して液体になっています。一方，内核は中心に近く外核よりも圧力が高いため，温度が高くても融点が相対的に低くなっているため金属鉄合金は固体となっているのです。

3.2.5　地磁気圏

　ここまでは，物質の分布として地球の構成を説明してきましたが，地球が発生する力がおよぶ範囲も，地球の一部と考えることができます。地球磁気のおよぶ範囲が地磁気圏です。現在の地球は，北極側がS極，南極側がN極の大きな磁石となっていますが，数万年から数10万年以上の間隔で，極性が逆転することが知られています。その磁気の起源は，外核の液体金属鉄が対流により運動し，発電機と電磁石の両方の働きをしているためであると考えられています。このようにして発生した地磁気は宇宙空間にも広がりを持ち，地磁気圏を作っています。地磁気圏の範囲は，地球の太陽側におよそ6万km，太陽の反対側には100万km以上（月軌道の外側）にわたります（図3.2d）。地磁気圏の形が球対称でないのは，太陽から地球に流れてくる電気を帯びた物質（太陽風）との相互作用で，まさに風に流されるように分布が制約されるからです。

3.2.6　重力圏

　地球が発生する力としては，重力も挙げることができます。地球の重力圏の影響をもっともよく表すのは，衛星である月の存在ではないでしょうか。月は地球の周りを公転する衛星で，その軌道は地球と月の重力が互いに作用し合って決まっています（図3.2d）。

3.2.7　対　流

　ここまでに説明した地球の構成要素の変動要因として，対流という現象が共通して現れることに気がつかれたことと思います。温度差があれば常に対流が存在するわけではなく，流れる物質の粘りけ（粘性）や熱の伝わりやすさ（熱伝導率）にも依存して，対流の発生とその性質が決まります。地球で起きている対流は，その物質の粘性の範囲は幅広く，また対流の速度も様々ですが（表3.1），これらの運動が地球が生きているかのように振る舞う原動力の一つになっているのです。

表3.1　地球のサブシステムと対流に関する性質

サブシステム	粘っこさ	熱の供給源と流量	対流の速さのスケール（m/秒）	1m動くのにかかる時間のスケール
大気（対流圏）	低い	太陽　大	1～数10	0.01～1秒
海洋	低い	太陽 大（水平方向） 小（垂直方向）	1（水平方向） 1000万分の1（垂直方向）	1秒（水平方向） 100日（垂直方向）
マントル	超高い	地球内部　小	10億分の1	10～100年
外核	低い	地球内部　小	1000分の1	数10分
内核	高い	地球内部　小	1000万分の1	100日

吉田（1996）を基に作成。時間と空間のスケールは，およその桁数で示している。

3.3　「地球システム」という考え方

　システムとは，日本語では，「系」，「圏」，「体系」，「制度」，「方式」，「組織」などと訳されています。その意味の中に共通しているのは，何かが集まってできた枠組み，と言えると思います。科学の世界では，システムの定義として，「互いに作用し合う要素の集合体」という説明がされています。なんだか抽象的な表現ですが，「要素」とは，具体的には，物質，機能，空間，生物など，実際のところ何でも良く，それらが複数集

まって，「互いに関連する」というところがポイントです。「要素」は入力と出力を持っていて，これらがつながり合って関連が生まれます。この「要素」は，多くの場合小さなシステム（サブシステム）で出来ています。サブシステムがやり取りするものが，情報であれば情報システム，お金であれば金融システムとなるわけです。

　さて，この定義によると，「地球システム」とは，地球を構成する互いに作用し合う要素の集合体を指すことになります。前節で説明した地球の構成要素は，つまり地球システムを構成するサブシステムと考えることができます。「圏」と名前が付いていたのは，システムであることを含んでいたのです。

　地球をサブシステムに分ける方法は，目的によりさまざまです。また，目的に応じて階層的にサブシステムを考えることも必要です。たとえば，表層環境圏には，地球環境と生物に注目したい場合，生物が作る「生態システム」や生息環境に関係する「気候システム」というサブシステムを考えることができますし，水蒸気の挙動に注目すれば，気圏（空気の領域），水圏（海洋，河川，湖），陸圏というサブシステムを含む水循環のシステムを考えることがあります。

3.4　地球のサブシステムの関り

　さて，システムとして地球を考える場合には，サブシステムに分けるだけでなく，それぞれのサブシステムの関わりを理解することが重要です。ここでは，私たちの生活する表層環境圏を中心に，各地球サブシステムとの関りを説明します（図3.3）。

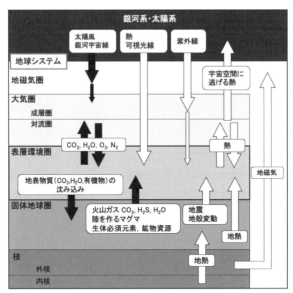

図 3.3　地球サブシステムの関り

3.4.1　表層環境圏と大気圏

　大気圏の対流圏下部は，表層環境圏と重なっており，ここで，さまざまな気象現象が起きて，人間の生活に深く関わっています。大気や海水の運動と，主に対流圏に存在する水蒸気や二酸化炭素などの温室効果ガスは，表層環境の気温分布を決定する大きな要因の一つです。また，成層圏には，オゾン層が存在し，地表の生物に有害な太陽からの紫外線を吸収しています。一方，表層環境圏からは，生物活動や人間の工業活動が発生する気体や，蒸発などの効果が，大気の組成に影響を与え，また，地表や海面からの熱放射が大気を暖め，対流圏の温度分布に影響を与えています。

3.4.2　表層環境圏と固体地球

　固体地球の活動は，表層環境圏の人間には火山噴火や地震のような，自然災害として大きな影響を与えています。また，火山噴火により放出される火山ガスは，大気中に二酸化炭素などを供給して大気の微量化学組成を決める要因の一つになっています。さらに，100万年以上の長い時間スケールでは，岩石と大気の間に起こる化学反応も，大気の組成を変化または安定させる要因となります。このサブシステム間の関係で，最も重要な地球の活動がプレートの運動です。プレートの運動は，ヒマラヤのような山脈を作り，対流圏の空気の流れに影響を与えます。また，プレートの沈み込みは，表層環境圏から固体地球への物質の移動や，固体地球内の垂直方向の大きな流れ（プルーム）も引き起こし，地球の歴史を通した表層環境の変化にも関与しているのです（図3.4）。

3.4.3　表層環境圏と中心核 − 地磁気圏

　表層環境圏と中心核は直接接してはいませんが，これらの遠く離れたサブシステム同士は，地磁気という現象を通して互いに関係を持っています。地磁気圏は，太陽風や銀河系からの宇宙線が，直接，表層環境圏に降り注ぐことを防ぐバリアーの役割を持っています。宇宙と私たちが暮らす環境の関係に地球の中心の金属の海の運動が影響している，ということになります。地磁気は数千～数10万年の間隔でその極性が反転し，反転時にはその強度が弱くなることがわかってきました。地磁気のバリアーが弱くなったときに，表層環境圏がどの様な影響を受けるのか，現在も研究が進められています。

3.4.4　表層環境圏と太陽系・銀河系

　最後に，表層環境圏と，地球システムの外側のシステムである太陽系

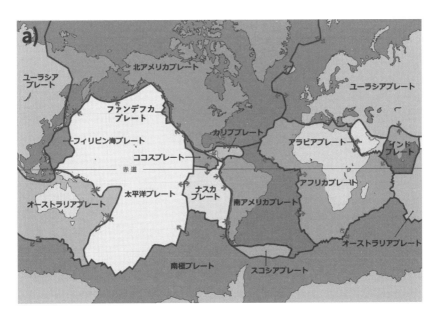

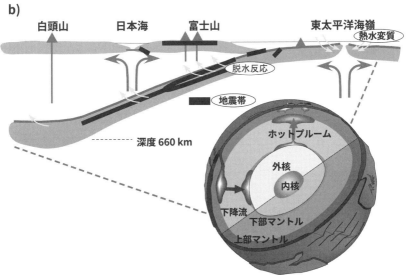

図3.4 プレートテクトニクスとマントル内部の物質移動
   a）プレートの配置（アメリカ地質調査所作成を基に日本語化）
   b）断面図で見るプレートの運動と地球内部の大構造

と銀河系との関係についてもふれます。地球は自転しながら太陽の周り
をわずかに扁平な楕円軌道上を公転していますが，この自転軸が傾いて
いるために，各地で太陽からの入射量が変化することによって，対流圏
における気象現象の年間の変化が起こります。また，この自転軸の傾き
のふらつきや楕円軌道の微妙な変化による太陽からの距離変化が，数万
年～数10万年周期の気候変動に関係していると考えられています。ま
た，地球の衛星である月は，その重力によって，地球の自転軸を安定さ
せ，また，潮汐作用（潮の満ち引き）を起こしています。

　太陽からの物質の流れである太陽風は電気を帯びた粒子（プラズマ）
の流れであるため，電磁気に関係した現象には大きな影響を与えます。
太陽表面で起きる爆発的な物質の放出（フレア）が起きると太陽風が強
まりますが，ときどきスーパーフレアと呼ばれる超強力な爆発が起きる
ことが知られています。現在の地球では，電気・通信は文明を支える柱
ですが，スーパーフレアで発生した太陽風が地球に到達すると，送電や
通信の設備にも大きな被害が起きる可能性が指摘されています。

　また，銀河系から放射されている銀河宇宙線（陽子を主とする電荷を
持った粒子）も，地球システムに降り注いでいます。銀河宇宙線のエネ
ルギーは高く，生命に放射線障害を引き起こすほどの強さですが，太陽
風，地磁気，および大気圏は，銀河宇宙線が直接表層環境圏に降り注ぐ
のを防ぐバリアーとなっています（図3.5）。太陽から90天文単位程度

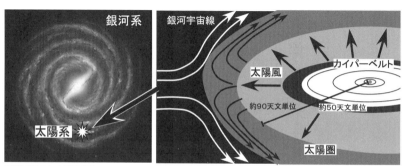

NASA/JPL-Caltech/ESO/R.Hurt

図3.5　銀河系と太陽系

の距離に太陽風と銀河宇宙線の勢力が釣り合う領域が存在し，これが太陽系の果てと考えられています。太陽風および銀河宇宙線の勢力関係が変化すると，この釣り合い領域の距離が変化し，結果として地球に降り注ぐ宇宙線量も変化することになります。近年では，銀河宇宙線の入射量が増えると，対流圏の雲生成量が増えて，表層環境圏の気温を変化させる，という仮説も提唱されるなど，表層環境と銀河系・太陽系との関係に注目した研究が行われています。

まとめ

　ここまでに，地球がいくつかのサブシステムで構成されていて，それぞれのサブシステムが関係し合って，私たちが暮らす「地球環境」が作られていることを学びました。それぞれのサブシステムの変動には，特有の時間・空間スケールがあり，これらが関係し合うことで，表層環境の変動が起きています。一方で，サブシステム間の関わり合いは，環境の安定性を保つ方向にも働きます。このような仕組みが，「地球は生きている」（生命に似ている）と感じさせる理由かもしれません。

　このような地球観が得られるまでには，過去の地球に関する「ジオロジー」と呼ばれる研究も大きな役割を果たしています。地球を見る目を，もっと長い時間スケール，すなわち，地球が誕生してから 46 億年の歴史に拡げてみると，また異なった地球システム観が現れます。地球の歴史の中では，現在とは異なる地球システムが存在していました。次章では，この，地球システムの変化の歴史「地球史」とそれを研究するジオロジーという研究分野をとりあげます。

引用文献

□吉田茂生『地球システム科学』第 3 章地球システムにおける対流とエネルギーの流れ，岩波書店（1996 年）

4 | 地球史の科学

大森聡一

《**目標＆ポイント**》この章では，地球と生命の歴史が自然科学として研究可能であることを説明し，ジオロジーという研究分野を紹介します。地層に記録されたさまざまな情報を読み取り，解読し，解釈することで明らかになった地球と生命の歴史を概観します。また，地球史研究の歴史と地球観の変化から，ジオロジーと未来の私たちの関係について考えます。

《**キーワード**》地質年代，生命と地球の歴史，進化，大量絶滅，地球システムの変動

4.1 地球史の研究方法

「歴史」という言葉からは，人類文明の歴史をあつかう「世界史」や，地域の歴史である「日本史」といった科目を想像される方が多いかもしれません。地球史は，地球が誕生した46億年前から現在に至る地球の歴史です。前章で紹介したように，「地球」は，地球システムとして存在しているので，地球史の対象は，地球システム全体となり，地球システムが含まれる太陽系や銀河系の歴史もこれに関係することになります。

世界史や日本史は，遺跡，遺物，文書や伝承などを手がかりにして歴史を明らかにしますが，実証的な地球史の研究では，地層に記録された情報が第一の情報となります。地層から情報を引き出すためには，古文書解読のように，まず「発見」，つぎに「年代の特定」，「文字の解読」，「意味の解読」，そして「解釈」の過程をたどります。地層の記録で文字に相当するのは，地層の構造，化石，岩石・鉱物の種類と組織（形状や

分布など），化学・同位体組成などの情報です。そして，この情報から，地層の年代，地層形成時の大気や海洋の化学組成・温度，生命活動，地球内部の温度変化，地磁気の強度，陸地の面積など，地球のサブシステムに関する性質を解読することが可能なのです。

　20 世紀に地球システムの成り立ちが理解され始めると，地殻の地質の研究だけで無く，数値シミュレーションや地球内部の温度圧力条件を実験室に再現し地球内部物質を合成する実験などの研究方法も，地球史研究法に取り入れられるようになりました。地震波トモグラフィによって得られた地球内部の不均質構造（図 3.4）は現在のスナップショットで物質の動きを見ることはできませんが，地殻の岩石の研究から得られたプレート運動やマグマの活動の歴史などと関連づけることで，固体地球や中心核の歴史を議論できるのです。

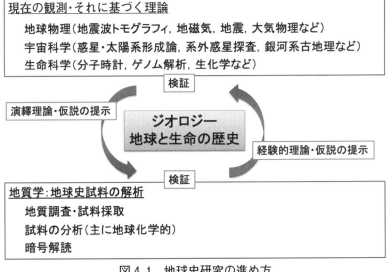

図 4.1　地球史研究の進め方

4.2 地球システムの変動と生命進化

　図4.2に，これまでに明らかにされた，地球のサブシステムと生命進化に関する地球史におけるできごとのうち，主要なものをまとめました。地球史が明らかになるにつれわかったことは，1) 現在の地球と過去の地球は大きく異なっていた，2) 地球環境は激変する，そして，3) 地球は生命にとって常に優しいわけではなかった，ということです。最初期の地球は，酸素は現在の1/10万程度，陸の面積も現在の20%程度であったと見積られています。また，ほぼ地球全体が凍り付いた低温の状態（全球凍結）の時代が存在しました。化石の記録からは，大量絶滅と

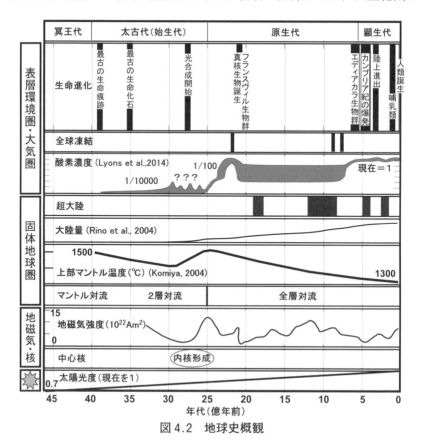

図4.2　地球史概観

いう生態系の大変化が繰り返し起きていることもわかりました。

　一方，サブシステムの歴史を関連させてみると，主要な固体地球や表層環境の変化は，およそ顕生代よりも前に起こっていて，現在の地球の姿に近づいた後に，カンブリア紀の爆発的生命進化（骨格を持つ高等生命誕生）が起きたように見えます。また地球全体が凍ったと考えられている全球凍結の時代の後に大きな生命の進化が起きているようにも見えます。しかし，ここで注意が必要なのは，このような時間的関連が，必ずしも原因結果の関係を表すわけではない，ということです。生命進化の原因を明らかにするためには，観察で得られた時間的相関関係を結びつける，理論的背景を確立することが重要であり，これが，これからの地球史研究の重要なポイントとなります。

4.3　地質年代と表層環境の変動

4.3.1　地質年代とは何か

　地球の歴史に関する話題で，しばしば登場するのが，○○代や××紀という時代を表す用語です。これらは，地質年代と呼ばれる地球史の時代区分です（図4.3）。地質時代の区分は，いくつかの階層に分かれていて，もっとも大きな区分は，「累代」という区分で，古い方から，冥王代，太古代（始生代），原生代，そして顕生代の4つに区分されています（正確には，これらを○○累代と呼ぶべきですが，慣習で単に○○代と呼ばれることが多い）。これらの累代は，さらに「代」，「紀」，「世」，「期」という小区分に分けられています。人類の歴史は，文明の進展度合い（たとえば，古代，中世，近世，近代といった区分）や，政治体制の変化を境として（例えば，安土桃山，江戸，明治）時代区分を行いますが，地球史の時代区分は，まず地層の特徴と地層に残された化石の記録を用い

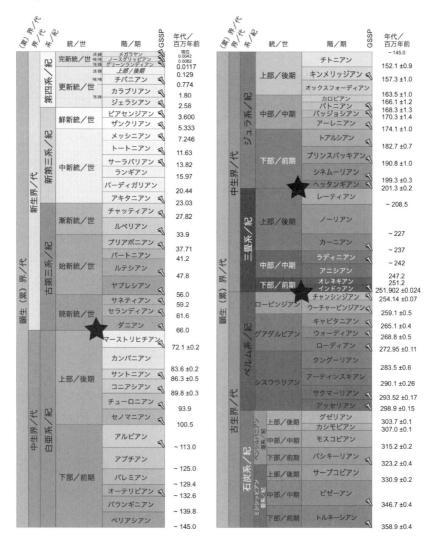

図 4.3

日本地質学会 2021 年 5 月版をもとに作成。年代境界の数字は，絶対年代である。星印

TIGRAPHIC CHART （国際年代層序表）

Commission on Stratigraphy （国際層序委員会）　v **2021**/05

左表

(累)界/代	界/代	系/紀	統/世	階/期	GSSP	年代/百万年前
顕生(累)界/代	古生界/代	デボン系/紀	上部/後期	ファメニアン ★		358.9 ±0.4
				フラニアン		372.2 ±1.6
			中部/中期	ジベティアン		382.7 ±1.6
				アイフェリアン		387.7 ±0.8
						393.3 ±1.2
			下部/前期	エムシアン		
				プラギアン		407.6 ±2.6
						410.8 ±2.8
				ロッコヴィアン		419.2 ±3.2
		シルル系/紀	プリドリ			423.0 ±2.3
			ラドロー	ルドフォーディアン		425.6 ±0.9
				ゴースティアン		427.4 ±0.5
			ウェンロック	ホメリアン		430.5 ±0.7
				シェイウッディアン		433.4 ±0.8
			ランドベリ	テリチアン		438.5 ±1.1
				アエロニアン		440.8 ±1.2
				ラッダニアン		443.8 ±1.5
		オルドビス系/紀	上部/後期	ヒルナンシアン ★		445.2 ±1.4
				カティアン		453.0 ±0.7
				サンドビアン		458.4 ±0.9
			中部/中期	ダーリウィリアン		467.3 ±1.1
				ダービンジアン		470.0 ±1.4
			下部/前期	フロイアン		477.7 ±1.4
				トレマドキアン		485.4 ±1.9
		カンブリア系/紀	フロンギアン	ステージ 10		~489.5
				ジャンシャニアン		~494
				ペイビアン		~497
			ミャオリンギアン	ガズハンジアン		~500.5
				ドラミアン		~504.5
				ウリューアン		~509
			シリーズ 2	ステージ 4		~514
				ステージ 3		~521
			テレニュービアン	ステージ 2		~529
				フォーチュニアン		541.0 ±1.0

右表

(累)界/代	界/代	系/紀	GSSP GSSA	年代/百万年前
先カンブリア(累)界/代	原生(累)界/時代	新原生界/代	エディアカラン	541.0 ±1.0
			クライオジェニアン	~635
				~720
			トニアン	1000
		中原生界/代	ステニアン	1200
			エクタシアン	1400
			カリミアン	1600
		古原生界/代	スタテリアン	1800
			オロシリアン	2050
			リィアキアン	2300
			シデリアン	2500
	太古(累)界/代(始生界/代)	新太古界/代(新始生界/代)		2800
		中太古界/代(中始生界/代)		3200
		古太古界/代(古始生界/代)		3600
		原太古界/代(原始生界/代)		4000
	冥王界/代			~4600

すべての階層の層序区分単位に対して、その下限をGSSPs（国際境界模式層断面とポイント）によって定義する作業が進行中である。これは、長らくGSSA（国際標準層序年代）によって定義されてきた太古（累）界および原生（累）界の下限に対しても同様である。GSSPsに関する図および詳細な情報は、ウェブサイト http://www.stratigraphy.org に掲載されている。

本表に掲載されている年代値は見直されることがあるが、それは顕生（累）界およびエディアカラン系の層序区分単位の定義の変更を伴うものではない。そのような定義の変更は、GSSPsによってのみ可能である。GSSPsにより定義されていない境界や確定した年代値がない顕生（累）界の層序区分単位境界に対しては、おおよその年代値を「~」を付して示した。

下部更新統、ペルム系、三畳系、白亜系、先カンブリア（累）界を除く全ての界の年代値は、Gradstein et al. (2012)の'The Geologic Time Scale 2012'による。下部更新統、ペルム系、三畳系、白亜系の年代値に関しては、当該問題を扱う国際層序委員会の小委員会による。

この日本語版ISC Chart（2021年5月版）は、IUGS（国際地質科学連合）の許諾を得て、日本地質学会が作成した。

表の色は、国際地質図委員会（Commission for the Geological Map of the World (www.cgmw.org)）の推奨に従う。

図案（オリジナル）：K.M. Cohen, D.A.T. Harper, P.L. Gibbard, J.-X. Fan
(c) 国際層序委員会、2021年5月

引用：Cohen, K.M., Finney, S.C., Gibbard, P.L. & Fan, J.-X. (2013; updated) The ICS International Chronostratigraphic Chart. Episodes 36: 199-204.

URL: http://www.stratigraphy.org/ICSchart/ChronostratChart2021-05.pdf

地質年代表

は，顕生代の 5 回の大量絶滅（Raup&Sepkoski, 1982 による）を示す（著者による追加）。

てなされ，化石種の出現や消滅を基準に，地層の区分がなされました。その後，特に最近の時代（第四紀）については，ふりこ時計のように一定周期で繰り返す気候変動や地磁気の逆転なども時代区分の基準とされるようになりました。そのため，結果的に，地質年代区分は，生物の進化・絶滅や環境の変動と関連を持つ区分となっています。地質学を専門としない方にとって，暗号のような地質年代名はバリアーの一つであるかもしれませんが，地質学者がこの区分を使い続けるのにも理由があるのです（しかし，たいてい全部覚えているわけではありません）。図4.3の地質年代表からは，これだけの細かさで地層の化石の記録が読み取られ，世界的に対比されていることを読み取って下さい。これは，すなわち，地球の歴史を研究するための試料が，時間的に連続してちゃんと存在している，ということも示しています。これらの区分は，地域的な研究から，世界の地層・化石の記載と放射年代測定[*1]で得られた絶対年代を基にした地層の国際対比，という膨大なデータの蓄積とすりあわせの作業の上に確立されましたが，現在でも新たなデータを取り込みつつ，定義が修正され続けています。

　このような原理で地質時代区分がなされたのは，生命の痕跡が明らかに残されている，原生代後期エディアカラ紀から顕生代の地質時代です。一方で，生命の痕跡が少ない後期原生代より前の地質時代は，全世界で共通する化石記録による区分が不可能であるため，時代境界を絶対年代で人為的に定義して再定義されています。原生代以前の時代区分の絶対年代が，誤差のない切りの良い数値で示されているのは，このためです。したがって，顕生代とそれ以前では，時代の区分の意味が異なります。これまでに発見された，最古の岩石の年代は43億年前までさかのぼり，また，ジルコンという鉱物粒子として，44億年前の年代を示す物質も発見されています。月の表面には，地球では失われてしまった地

[*1] 放射年代測定とは，一定時間で別の元素へと変化する放射性元素を用いて，岩石などの形成年代を測定する方法。放射性元素が砂の役割をしている砂時計のような原理。今から xx 年前という絶対年代値を得ることができる。

球 - 月系形成直後の岩石が保存されており，また，隕石の情報も地球誕
生時を推定するための重要な手がかりです。これらの証拠から，原始地
球最初期の環境を推定する研究が進められています。

4.3.2　絶滅と大量絶滅

　顕生代の地質年代区分と関連させて，生命の絶滅・大量絶滅について
触れたいと思います。絶滅とは「地層から産出するある種や属の化石
が，あるとき以来見られなくなることがあり，この原因が，移住や別の
種への進化でない」現象であるとされています（平野 2006 による定義）。
しかし「化石がない」ということを野外の化石の調査で証明することは，
難しいことです。そのため，絶滅の認定には細心の注意が必要ですが，
しかしそれでも，全世界的に大量に産出するような種類の化石を用い
て，よく対比された地層間で比較を行うことで，顕生代における生命の
絶滅が認められてきました。大量絶滅とは，定常的にある割合で起きて
いる生物の絶滅（背景絶滅）に対して，少なくとも 1000 万年よりは短い
期間の間に，前後の期間に比較して絶滅率の突出が認められ，また，そ
の絶滅が，広い分類群の生物にまたがったものであるような絶滅現象を
指します（Jablonski 1986 の定義）。大量絶滅の後には，生き残った生物
が広範囲に拡散して繁栄することがしばしば認められています（たとえ
ば，中生代白亜紀末の恐竜を含む大量絶滅後のほ乳類の繁栄）。

　絶滅や大量絶滅の原因については，生物種にはもともと寿命（個体で
はなく種として）があるという説や，また，大量絶滅は，ある確率で起
こる絶滅が偶然に重なったものである，と考える説が提唱されたことも
ありましたが，現在では，原因はなんであれ，およそ環境の変動が絶滅
を起こし，大量絶滅は，全地球的な大環境変動に対応している，という
考えが主流になっています。すなわち，顕生代の地質時代境界は，規模

の大小はあっても，生命の暮らす表層環境圏，およびそれに関係する他の地球サブシステムの変動に対応することになります。

　それでは，顕生代より前の時代には，絶滅や大量絶滅はなかったのでしょうか。我々は，原生代や太古代の初期生命にも大量絶滅はあったにちがいないと考えます。しかし，絶滅を化石から認定するには，これらの時代の化石記録は貧弱です。そこで，地層中に含まれる炭素や窒素など，生命活動に密接に関連した元素の同位体分析などの方法で，この時代の環境変動と生命の関連が議論されています。

4.4　地球史研究史

　表4.1に，地球史が明らかになる過程の概略を示した研究史年表，図4.4に，その過程における地球観の変化を示しました。地層が含む情報を正しく理解し系統的な地球史研究が可能になるまでには，現在の私たちにとっては当然と思われるようなことも，時間をかけて明らかにされたという歴史がありました。

　地層中の化石や鉱物資源は早くから注目され記載がなされてきました。ヨーロッパでは，16世紀から17世紀にかけてルネッサンス後期という社会背景の元，自然誌，博物誌のコレクションとして，岩石，鉱物，化石などが採取され博物館に展示されるようになります。一方で，まだ，化石が過去の生物の死骸であることは認められていなかったなど，試料の現代的な解釈はなされていませんでした。17世紀の中盤から後半にかけて，デカルトやライプニッツといった，哲学者および数学者として知られる研究者が，その著作の中で地球の構造と成因や，形成過程について述べた記録が残っています。また，解剖学に通じたステノは，化石は生物の死骸（の痕跡）であると結論し，地層の積み重ねが時間の

表 4.1　地球史研究の歴史

年代		できごと	人名
創世神話		多くの神話が世界（地域，国，島）と大地と生命の始まりに言及する	
16 世紀		鉱物や化石の記載や分類がなされ，博物館がつくられ図鑑が出版される	
		地動説，ケプラーの法則	
17 世紀		思弁的地球の理論が登場する	
	1644	「哲学原理」	デカルト
		聖書にもとづく地球史観	
	1681	ノアの洪水に必要な水の量とその起源	バーネット
		化石の意味	
		「プロトロムス」化石は生物起源，地層累重の法則	ステノ
		地球史の概念誕生	
		原始地球形成とその後の歴史を区別，化石から自然環境の変化を読み取れるというアイデア	ライプニッツ
	1687	自然哲学の数学的諸原理	ニュートン
18 世紀		宗教と地球の歴史の分離（フランス）	
		ドイツとイタリアで，野外観察の蓄積が進む	
		岩石成因に関する 2 つの考え方（水成論 vs 火成論）	
		野外観察による実証的研究：ジオロジー誕生	ハットン
19 世紀			
		フランスで経験的科学としての地質学が発展する	
	1816	地質図の作成，化石による地層の順序づけ法（生層序学）の確立	スミス
		大量絶滅を認識，天変地異による変化と考察	キュビエ
		ジオロジーの基本的考え方が一般に広まる	
		「地質学原理」，斉一説	ライエル
	1895	「種の起源」，進化論の提唱	ダーウィン
20 世紀			
	1907	放射年代測定法の開発	ボルトウッド
	1909	モホ面（地殻とマントルの境界）の発見，地震波による地球内部観測の始まり	モホロビチッチ
	1915	大陸移動説	ウェーゲナー
	1922	生命の化学進化起源説	オパーリン
	1928	実験岩石学の始まり	ボウエン

	放射年代測定法の発達
1960-1975	プレートテクトニクス理論の確立
1970 年代	人間が地球環境に与える影響がシミュレーションから予測される 「成長の限界」，人為起源 CO_2 による温暖化説
1969-1972	アポロ 11 号〜17 号　月の地質学
1980	白亜紀末天体衝突説の提唱　　　　　　　　　　アルヴァレズほか
1985	VLBI 観測により，プレート運動が実証される
1992	地震波トモグラフィによる全地球内部の描像　　　深尾ほか
1994	プルームテクトニクスによる地球内部と表層地質　丸山ほか　現象の統合的解釈
1995	主系列星を公転する系外惑星の発見　　　　　　　マイヨール，ケロー
1997	ローバー探査による火星の地質学始まる
	全球凍結時代の発見
21 世紀	
	放射光を用いた地球内部物質の高圧実験
	系外惑星の発見ラッシュ
	地層中の天文イベント痕跡の読み取り法が発達
	宇宙古地理データの蓄積
	地球外生命探査の本格化

都城 1998，山田 2017 を基に作成。

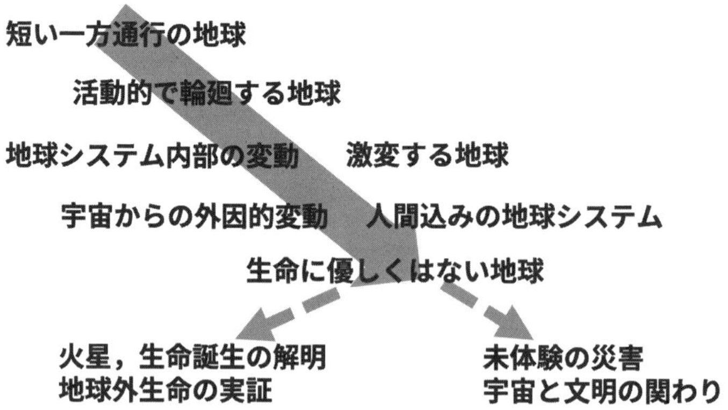

短い一方通行の地球

活動的で輪廻する地球

地球システム内部の変動　　激変する地球

宇宙からの外因的変動　　人間込みの地球システム

生命に優しくはない地球

火星，生命誕生の解明　　　　　未体験の災害
地球外生命の実証　　　　　　　宇宙と文明の関わり

図 4.4　地球観の変化

変化に対応しているという，地球史研究の基礎概念を提唱しました。

18世紀には，地層の観察から実証的に地球の変化を議論する研究が始まり，ここでジオロジーという研究分野が誕生しました。ジオロジー（geology）[*2]とは，地球と生命の歴史を総合的に研究する学問分野です。その基本的な方法と考え方は，ハットンにより確立され，のちにライエルによって一般に広められました。「地球の歴史は短い一方通行で，山はしだいに低くなり最後は平地となる，その過程に現在がある」という，多分に聖書の影響をうけた地球観から，「地球は火山活動によるマグマの貫入などにより山が形成し，風化侵食により山が削れて砂泥ができて地層を作り，またマグマの貫入などにより山が形成する，という輪廻を繰り返している」というダイナミックで長い年月（億年以上）の歴史を持つ，という地球観へと変化が起こりました。私は，この地球観の変化は，天動説から地動説への変化に匹敵するのではないかと考えています。

後者の考えは，ハットンによる野外における岩石と地層の分布の観察から得られたものでした。この考えには，地球はゆっくりと変化を繰り返すが同じところを回っている，という考え方が含まれています。この考えに基づいて，現在起きている現象を研究すれば過去のこともわかる，という「斉一説」とよばれる基本的考え方が示され，ライエルの「地質学原理」によって一般に広められました。ダーウィンの進化論もこの考え方に基づいて提唱されたのでした。

18世紀から19世紀にかけては，蒸気機関の発明と産業革命という社会背景から，産業に不可欠な石炭や金属資源の探査を伴って，地質の調査が進行し，これにより，離れた地域に分布する地層を対比（同じ時代

[*2] 日本語では一般に「地質学」と訳されています。地質（地層）の研究はジオロジーの重要な方法で，それは今でも変わりません。しかし，ライエルによるgeologyの定義には研究方法についての言及は特にありません。現在では分野横断的な総合科学的な性質が強くなっていて，日本語訳はジオロジー研究の実状と離れている気もします。そこで，ここではカタカナの「ジオロジー」を用いています。

の地層か否かの判定）することが可能になり，地域の研究から全地球の研究へと発展する基礎となりました。その後，国際的な地層の対比の研究は継続し20世紀後半には，およそ地球全体の地質図（地層の種類と年代の分布を示した地図）が作成されるにいたります。

　20世紀はジオロジーの発展期となりました。放射性元素の崩壊を利用して，地層（火山灰層など）ができた時間を，今から何年前，という絶対値で示すことができるようになり，地球史に絶対値の時間軸が入りました。また，地震波による地球内部の探査は20世紀初頭に始まり，90年代には地震波トモグラフィにより3次元的な内部構造が描かれるにいたりました。

　1960～75年頃に確立したプレートテクトニクス理論（第3章参照）は，固体地球表面の変動を体系的に説明することを可能としました。また，プレートの運動により運ばれてきた海底の物質が陸地側に積み重なってできる，「付加体」と呼ばれる地層の集合の成因が明らかになり，大陸棚，深海底，海洋島など，地層の起源を特定することが可能になり，古環境の記録を詳細に読み取ることができるようになりました。全球凍結の存在は，過去の大陸の緯度を復元すると低緯度であったはずの地域・時代に氷河で形成する地層が存在していることから明らかになりました。

　地震波を用いて推定された地球内部，同時に発展した，室内実験により地球内部の岩石を再現する実験岩石学と共に，固体地球システムの進化に関する理解が深まり，20世紀終わり頃に，表層環境圏と固体地球の変動を結びつけた地球史のモデルが提示されるにいたりました。

　天体衝突による大量絶滅の発生や，全球凍結時代の存在は，地層から情報を読み取る時間解像度と分析精度が高まったことにより明らかになりました。これらの発見は，地球が必ずしも生命にとって優しい惑星で

はなかったことを示しています。月のクレーターの研究や地層中の天体衝突記録の研究は，今後も地球が天体衝突の影響を受ける可能性が十分にあることを示しています。「ゆっくりとした変化を積み重ねて現在の地球がある」という斉一説的地球観は，近年の研究成果によって，地球は激変することもある，まだ人類文明が体験していない変化も起こりえる惑星である，という地球観へと変化したといえるでしょう（図 4.4）。

4.5　地球史研究の現在～未来：惑星と生命の歴史の一般化

　第 1 章で紹介した自然科学の発展段階に対応させると，地球史の研究は，第 1 段階（記載とコレクション）と第 2 段階（分類と図鑑の作成）が進み，第 3 段階の一般化と体系化が始まっています。46 億年の歴史の中で起きたさまざまな出来事とその順番が明らかになってきて，その出来事の中で，なにが重要なのか，また，なぜその出来事は起きたのか，を実証的に議論できる段階になったのです。

　地球と「地球生命」の歴史は，宇宙にあまたにある惑星の，一つの個性の歴史の研究です。その個性としての歴史から，自然科学としての地球史の研究は，「なぜ地球は生命の惑星として発展できたのか？」という地球システムの進化の原理の解明を通して，太陽系のほかの地球型惑星（水星，金星，火星）や，木星や土星の衛星や，太陽系以外の恒星系の惑星の歴史や生命存在可能性を一般的に議論する方向へ発展しようとしています。この発展のためには，天文学や生物学との連携が重要となります（図 4.1）。生命の歴史の解明は，これまでは化石記録をもちいて，形の進化を中心に進みました。しかし，化石に残るような殻や骨格を持つ高等生命は，地球では生命進化の到達点近くの存在であり，生命進化の

一般性を議論するためには，高等生命誕生前の，微生物など化石の形態情報の少ない生物に注目する必要があります。さらに，初期生命の誕生とその性質の解明，そして生命の根本である遺伝子の進化という，残された大問題を明らかにするためには，特に生化学や遺伝子学と地球史研究が強く連携する必要があり，実際，地球・惑星生命学といった，新しい学際的な研究の枠組みが作られつつあります。

　また，地層から読み取ることができる情報の時間分解能が高くなり多様になったことで，これまでに人類文明が体験してこなかった災害の可能性が浮かび上がってきました。文明が持つ1万年程度の歴史の期間には起こっていないが，確かに過去に起こっていて，その周期や頻度から考えると，今後，起こる可能性が否定できないという現象です。たとえば，地磁気の逆転，巨大火山噴火，気候変動などです。人類文明が遭遇すれば大きな変化がもたらされる可能性があります。

まとめ

　地球の歴史を，地層の記録から読み取って解明してきた歴史と原理を解説しました。この分野は，一般化と体系化という，自然科学の一番面白い時期に位置していると思われます。これまでは，化石によって生命科学と関連してきた地球史の研究は，生化学やゲノム科学という手法を取り入れ，より生命科学との繋がりを強め，新たな発展を目指しています。

引用文献

□平野弘道『絶滅古生物学』岩波書店（2006 年）

□ D. Jablonski, "Causes and Consequences of Mass Extinctions : A Comparative Approach", D. K. Elliott, (ed.), 'Dynamics of Extinction', pp. 183-229, John Wiley & Sons, New York（1986）

□丸山茂徳，磯﨑行雄『生命と地球の歴史』岩波書店（1998 年）

□都城秋穂『科学革命とは何か』岩波書店（1998 年）

□山田俊弘『ジオコスモスの変容』勁草社（2017 年）

□ D. M. Raup, J. J. Sepkoski Jr. "Mass Extinctions in the Marine Fossil Record", Science, Vol. 215, pp. 1501-1503,（1982）

参考文献

□デイヴィッド・M・ラウプ『ネメシス騒動』平河出版社
　データは古くなっているが，ジオロジーにおいて因果関係を解析する難しさと，その研究が進む様子が，よく描かれている。

5 | 生命の科学（1）生物の多様性

二河成男

《**目標＆ポイント**》地球上にはどのような生物がどれくらいの種類と量，存在するのかを明らかにすることは，生物学の課題の一つです。これらは生物多様性の保全や二酸化炭素の排出と吸収のバランスの維持といった地球規模の課題について，科学的な議論をする上で欠かせない情報です。地球上にはどのような生物がいるのか，その種類（種数），そしてその量（生物量）はどれくらいと推定されているのか，について学びます。

《**キーワード**》生物多様性，種，生物量（バイオマス）

5.1　生きているものとこと

　生物学では，**生きているもの**とはどういうものか，**生きていること**とはどういうことかを学びます。**生きているもの**とは生き物のことです。どのような生き物がいるか。どこにどれだけいるのかといったことが学問の対象となります。生物を資源と見たとき，これらは大事なことです。鉱物や化石燃料だけでなく生物もまた限りのある資源です。その見積もりは常に欠かせません。**生きていること**とは，その生き物がどのように生きているかです。栄養の摂取，個体の一生，次世代の再生産，環境応答など，生物の様々な活動が対象となります。そしてその過去や未来に関しても対象となるでしょう。

　いずれも，生物の個体やその器官，組織の観察だけでは不十分なことが分かってきました。全容を知るには，生物集団やより大きな生態系といった巨視的な視点に立つ必要があります。また，生物の個々の特徴，

さらには細胞や分子といった微視的な視点に立たなければ解明できないこともあります。この章では，地球上にはどのような生き物がいるか，それらがどれぐらいの種数になるのか，どれぐらいの量存在するのか，これらの点について現在どのようなことが分かっているのかを見ていきます。

5.2　地球上にはどんな種類の生物がいるのだろうか

5.2.1　動物や植物

　具体的に地球上にどのような生物がいるかを，その発見や体系化の歴史に沿って見ていきましょう（表5.1）。最初に体系化されたのは**動物**と**植物**です（図5.1）。動物や植物は，人がいろいろな知識や情報を書物などに残す以前から認識されていたでしょう。その時点で体系化されていたかもしれませんが，現在書物として残っているのは，紀元前300年前後に記されたものです。動物については，万学の祖とも言われる古代ギリシャの哲学者として有名な**アリストテレス**が，『動物誌』などの書物に様々な種類の動物の特徴をまとめ，体系化しています。海棲のものも含め500種類程度の動物に関する記述があると言われています。これは動物の種類がどれだけあるかを記述したものではありませんが，動物とはいかなるものであるか，そして動物といっても様々な違ったものが存在することを示した，現存する最古の書物です。

表5.1　年　表

年　代	人　名	主な著書・業績
紀元前4世紀	アリストテレス	『動物誌』など
紀元前4〜3世紀	テオプラストス	『植物誌』
17世紀後半	レーウェンフック	細菌や原生生物を発見
1735年	リンネ	種を2名法で記載した『自然の体系』を発表
19世紀後半	パスツール，コッホ	細菌の培養方法を確立
1935年	スタンリー	ウイルスを結晶化
1977年	ウーズ	古細菌の発見，3ドメイン説の提唱

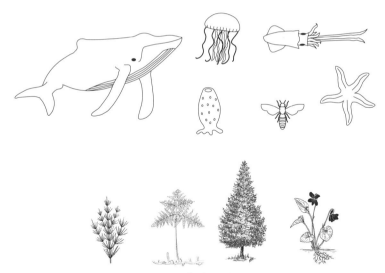

図 5.1　動物（上）と植物（下）
動物：左上から時計回りにクジラ，クラゲ，イカ，ヒトデ，ハチ，カイメン
植物：左からスギナ，ワラビ，スギ，スミレ

　アリストテレスは植物に関しても研究していたと考えられていますが，その著作は残っていないためはっきりしたことはわかりません。植物について体系的にまとめられた最古の書物として，同時代の古代ギリシャの哲学者で，植物学の祖とも言われる**テオプラストス**が『植物誌』を残しています（表5.1）。こちらも植物の分類を目的としたものではなく，植物とはどのようなものであるかといった理学的な内容から，どのような部分が利用できるかといった現在で言えば，農学，薬学，あるいは工学的なことまで，広い知識が収められています。どちらの書物も古代ギリシャ時代の自然科学がかなり発達していたことを示すもので，15世紀のルネサンス時代に至るまで，動物学，植物学の最高の書の一つであったとされています。

5.2.2　微生物　細菌　原生生物

　動物や植物の観察は，特別な道具がなくとも可能です。一方，微生物
の観察ではそうは行かず，17 世紀末になってようやくビールの中に**酵母**
が発見されました。それが生物であることが認められ，さらにアルコー
ルを生成する発酵を酵母が行っていることがわかるのは，19 世紀に入っ
てからです。様々な食品を作る際に，酵母，乳酸菌，納豆菌など多くの
微生物が重要な役割を担っているにもかかわらず，その存在がわからな
かったのは観察する手段がなかったためです。

　動物や植物が小さな構造（細胞）からなることや，水中あるいは動物
や植物の体の表面に小さな生物（細菌，原生生物）などが存在すること
がわかるのは，顕微鏡の開発のおかげです。顕微鏡は 16 世紀末にオラ
ンダで発明されました。当初は動物や植物を拡大してみる程度の性能し
かありませんでした。その中で現在の一般的な光学顕微鏡程度（150〜
300 倍）に拡大できるものを自作し，赤血球や精子などの細胞，酵母，細
菌，原生生物などの小さな生物を発見したのが，オランダの**レーウェン
フック**です。レーウェンフックは，現在では原生生物，細菌などに分類
される小さな生物を“微小な動物”と記述しました。これらの発見によ
り，レーウェンフックは微生物学の祖，あるいは原生生物学の祖とも言
われます。

　レーウェンフックが最初にこれらの発見を報告したのは，17 世期後半
です。当時，レーウェンフックは単レンズ顕微鏡という微小なガラス玉
をレンズに用いた，手の平サイズの顕微鏡を使って観察していました。
ただし，一般には性能の良いレンズを作る技術や光学的知識が十分でな
かったため，拡大できてもはっきりした像が得られないなど，微小な生
物を容易に観察できるものではありませんでした。やがて，レンズの作
成技術や，複数のレンズを重ねる手法が開発され，19 世紀にようやく性

能の良い顕微鏡が使えるように
なります。その後，レーウェン
フックが発見した微小な生物の
ひとつであり，現在では**原生生
物**という，単細胞性の真核生物
の学術的な同定が盛んに行われ
るようになりました（図5.2）。
また，菌類（カビやキノコの仲
間）も胞子で増えることなどか

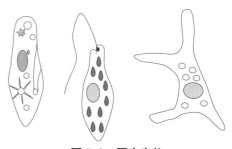

図5.2　原生生物
左からゾウリムシ，ユーグレナ（ミドリムシ），
アメーバ

ら植物とは異なることが明らかにされ，その分類体系が整っていくのも
18〜19世紀にかけてです。

　原生生物よりさらに小さい，**細菌**の性質や特徴がわかるようになって
きたのも同時代です。近代細菌学の祖と言われる**パスツール**や**コッホ**の
研究により，細菌のみを取り出して培養し，その生物としての性質を調
べることができるようになりました。細菌の中には感染症を引き起こす
ものなどがいることもわかり，様々な種類の細菌が明らかになっていき

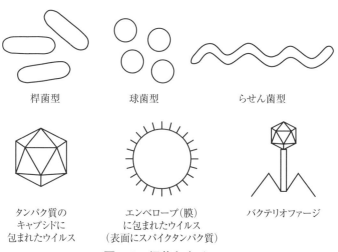

桿菌型　　　　　　　　球菌型　　　　　　　らせん菌型

タンパク質の　　　　エンベロープ（膜）　　バクテリオファージ
キャプシドに　　　　に包まれたウイルス
包まれたウイルス　（表面にスパイクタンパク質）

図5.3　細菌とウイルス
（上）細菌の基本的な構造　（下）ウイルスの典型的な構造

ます（図 5.3）。

5.2.3　ウイルス

　細菌よりさらに小さな構造がウイルスです。これまで知られている多くのウイルスは，通常の光を利用する顕微鏡では見ることができません。よって，"細菌よりもっと小さい病原体"ということしか当初はわかりませんでした。そして，1935 年にスタンリーがタバコモザイクウイルスの結晶化に成功し，ようやくその実体に迫ることができるようになりました。さらに，電子顕微鏡や X 線構造解析といった手法が利用できるようになった 20 世紀半ばごろに，ウイルスの実体がようやく明らかになりました。

5.2.4　古細菌

　次に生物学に大きな変革をもたらしたのが，DNA や RNA といった遺伝情報に関わる分子（第 7 章参照）の同定と機能の解明です。このことによって生物がただの物質の集まりではなく，情報を持っているあるいは情報に基づいた制御が行われている存在であることがわかりました。どのように組織化されているかの一端がわかったとも言えます。また，これらの遺伝情報を用いて，生物の種の同定や，生物の類縁関係の推定が可能なこともわかりました。現在では，新規のウイルスや細菌などは，その遺伝情報を調べることが最も正確な同定方法となっています。このような遺伝情報を利用して，新たな生物群である**古細菌**を発見したのが**ウーズ**です。

　ウーズは，祖先的な性質をもつ生物を探していました。小さくて内部構造も単純な細菌の中に，そのような祖先的な性質をもつものがいるのではないかと考えていました。そして，様々な細菌や真核生物（動物，

植物，菌類，原生生物）の遺伝情報から類縁関係を推定し，原始的な生物を探索しようとしました。その過程で，細菌と真核生物の，いずれとも少し異なる遺伝情報をもつ生物がいることを発見しました。これが"第3の生物"である古細菌の発見です。これによって，生物は大きく3種類，**細菌**（バクテリア），**古細菌**（アーケア），**真核生物**（ユーカリア）に分かれることがわかりました。この3つのグループの分類階級をドメインといい，このように生物が分かれることを**3ドメイン説**といいます。よってウーズは，古細菌学の祖であり，3ドメイン説の祖といえるでしょう（図5.4）。

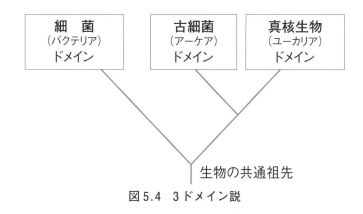

図5.4　3ドメイン説

5.2.5　生物学の発展

　このように様々な技術の発達や知識の蓄積により，いままで見えなかった生物が見えるようになり，区別できなかったものが区別できるようになりました。そして，新たな生物の発見が，新たな生命現象の解明にもつながっています。顕微鏡の発達により見えるようになった生物が，発酵や感染症などの解明につながっています。また，遺伝情報の解明が，生物の同定やあらたな生物群の発見につながっています。ウイル

スに対するワクチンもウイルスの遺伝情報から作成する時代になりました。細菌や真核生物には見られない生理活性をもつ古細菌が，現在の私たちが抱えている問題を解決するときが来るかもしれません。

5.3　地球上の生物の種数はどれくらいだろうか

5.3.1　種とは何だろうか

　生物の分類では，いろいろな段階（**分類階級**，階層）で分類できます。生物全体を大きく3つに分けるのが3ドメイン説です。そのドメインの1つである**真核生物**は，さらに5つのスーパーグループに分けることができます。そして，さらに分けて行った時にもっとも詳細な分類階級となるのは，**種**です。よって，生き物の種類が何種類あるかと数える場合，この種を基本の単位にします。例えば，人の場合は，人という生物が1つの種であり，ホモ・サピエンス（正確には，*Homo sapiens*）という学名が付けられています。一方，鳥の場合，鳥は種ではなく，同じ特徴をもつ鳥に分類される生物の集まりに付けた名称です。ツルも種ではなく，いろいろなツルの総称と言えます。タンチョウまで特定するとそれは種になります。学名は *Grus japonensis* です。

　では，種とは何かという問題になります。ここでは，お互いに交配して子孫を残すことが可能な生物の集まり，とします。例えば，人は，見かけがかなり異なることもありますが，祖先が異なる大陸に由来しても子孫を残すことは可能です。一方，人以外の生物との間では，子孫を残すことはないので，人という集まりが1つの種となります。ただし，ロバとウマのように別の種であっても，子孫が生じる例はあります。この場合もさらにその子孫が続いていくということはないので，ロバとウマは別の種になります。このように，種の定義は一筋縄ではいかないもの

ですが，ある程度正しく種を同定できるとして話を進めていきます。

5.3.2　最初のカタログ

　最初に生物の種をまとめたのは，**リンネ**です（表5.1）。そのため，分類学の祖とも言われます。リンネは学名として2名法（属名と種小名，人なら *Homo* と *sapiens*）を採用しました。最初はわずかな種数でしたが，版を重ねるごとに掲載される数は増えていき，やがて植物で約6,000種，動物で約4,000種について分類を行いました。それでも現在の数と比較すると僅かです。

5.3.3　現在知られている生物の種数

　地球上に何種類ぐらいの生物がいるのでしょうか。実はこの正確な数値はわかっていません。予想はされていますが，まだはっきりしない部分が多数あります。まずは，現在わかっている種数がどれくらいになるかを確認しておきましょう。ただし，これもはっきりしない部分があります。それはいろいろな原因がありますが，主に種を決める部分に曖昧な点があるところです。例えば，同じ種に異なる研究者が別の学名を付けているという場合です。また，本来は2つの種に分けるべきところを1つの種としていたり，またその逆もあります。このため，おおよその数しか判明していないという前提で見ていきましょう。

　2020年12月の時点でCatalogue of Lifeという国際的な種のデータベースに登録されている種数は，189万種です（図5.5）。リンネがまとめた18世紀の時点では1万種だったので250年程度でこれだけ増えたことになります。まだまだ，新種の登録は増えていくでしょう。このような総数も大切ですが，一体どのような種類の生物の種数が多いのかも，見ておきましょう。一番多いのは，昆虫類です。94万種が登録さ

れ，全体の 50％を占めています。そして，昆虫も含む動物では 134 万種
（71％）となり，全体の 3/4 近くになります。次に多いのは植物です。37
万種で，全体の 20％を占めます。ついで菌類で 7.7％（14 万 6 千種），そ
して原生生物が 1.3％（2 万 4 千種）です。原生生物には光合成を行う藻
類なども含まれます。そして細菌と古細菌は合わせても全体の 1％にも
満たない量です（1 万種）。

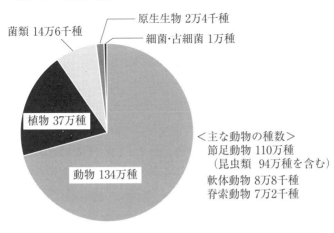

図 5.5　確認されている生物の種数
Catalogue of Life 2020-12-01 版より

　しかし，これを見ると少し気になることがあります。原生生物や細
菌，古細菌などのいわゆる微生物の種数が少ない点です。果たして，こ
れは実際の地球上にいる生物の種数を反映したものなのでしょうか，そ
れとも人が興味を持って調べている生物に偏っているのでしょうか。

5.3.4　地球上の生物の種数は予測できるのだろうか
　それを確かめる一つの方法は，実際に地球上の生物の種数を予測し

て，上記の確認できている種数の生物群ごとの割合と一致するかどうか
を見るのがいいでしょう。実際，そのような研究があるので，確認して
みましょう。

このような研究はいくつかあるのですが，ここでは比較的新しく，多
くの文献で引用されている，Mora らが 2011 年に発表した推定値を見て
みましょう（表5.2）。やはり一番多いのは動物です。777 万種と推定さ
れています。既知の 6 倍程度になります。私たちが知らないものがまだ
まだたくさんあることを示唆しています。そして，次に多いのは菌類で
す。61 万種です。既知のものの 4 倍程度です。植物は 30 万種，既知の
ものと変わらない程度です。植物は現時点でも詳細がわかっていると言
えます。そして原生生物は，6
万 4 千種程度です。こちらは既
知のものの 3 倍程度になってい
ます。これらを合わせると 875
万種で標準誤差は 130 万種なの
で，750 万〜1000 万種が予測値
になります。既知の種数の 4〜
5 倍といった程度になります。

表5.2　地球上の生物の種数の推定値

生物の種類	推定種数	誤差（SE）
動　物	7,770,000	958,000
植　物	298,000	8,200
菌　類	611,000	297,000
原生生物	63,900	37,190
細　菌*	9,680	3,470
古細菌*	455	160
合　計	8,750,000	1,300,000

ただし，この研究では論文自身にも記述されていますが，細菌や古細
菌の予測ができておらず，この時点の既知の種数が示されています。別
の研究では大量の DNA の情報を利用して，細菌と古細菌合わせて，100
万種程度になると推測しています。一方で，動物 1 種にそれ特有の寄生
細菌や寄生菌類が存在するという考えもあり，この仮定からすると動物
の種数以上の細菌や菌類が存在することになります。現時点では，正解
がどこにあるかはわかりませんが，環境中の DNA を調べる研究が更に
進めば，細菌だけでなくすべての生物でより正確な種の数が推定できる

ようになるでしょう。

5.4　地球上の生物の量はどれくらいか

5.4.1　生物量

　地球上に存在する生物の量について紹介します。ここまでは種数について議論してきたので，各種の個体数が知りたいところです。一部の絶滅危惧種などはその個体数がある程度わかっていますが，多くの場合その数は分かりません。それを知ることこそ生態学という分野の目的の一つですが，現実には多くの生物ではわかっていません。さらに，現時点では未知の種もいるので，個体数からでは地球上の生物の量を正確には推定できません。それではどのように推定するのでしょうか。

　まず，個々の種を対象とするのではなく，ある環境の決まった領域にどれぐらいの生物がいるのかを，種類でなく量（重さ）を測ります。これは**生物量**あるいは**バイオマス**と呼ばれます。

　次にどのような重さを測定するか見ていきましょう。生物の体の大部分は水です。生物学では多くの場合，生物の重さとして水分を除いた乾燥状態の重さを使います。さらに，地球レベルでの生物量を測る時は，生物の体に含まれる炭素の重さを単位として，量を表す場合がよくあります。炭素量（あるいは炭素換算量）などと呼ばれるものです。例えば人の場合，体重が 50kg であれば，そこに含まれる炭素の量（重さ）は約 10kg となり，これは 10kg C（10 キログラム炭素）と表されます。人の場合は世界の総人口がわかっていて，平均体重を 50kg とすれば，その地球上での生物量を求めることができます。一方，地中や海底などに暮らす生物のことはあまりわかっていないので，おおよその推定値になります。

5.4.2　各種生物の地球あたりの生物量

　Bar-On ら（2018）では，地球上の生物量の合計は 550 Gt C（ギガトン炭素，1 ギガトンは 10 億トン）と推定されています（図5.6）。ここでは生きている生物の体に含まれるものだけの推定値です。各種の生物の中で，地球上でもっとも生物量が多い生物は植物です。陸地の多くを植物が占めており，森林のように占める空間も大きいことからも順当です。その量は 450 Gt C であり，地球上の生物量全体の 82％ に相当します。

　その次に多いのが，細菌です（70 Gt C）。全体の 12.7％ を占めます。細菌は一見目立たない存在ですが，陸地の土壌や海底の堆積物に大量に含まれています。また，陸地の表面の土壌部分だけでなく，より深いところにも細菌は存在すると考えられており，多くを占めることになります。

　3 番目に多い生物は菌類です（12 Gt C）。ただしその占める割合は少なく，全体の 2.2％ になります。菌類はキノコやカビであり，様々な場所で見かけますが，それほど多く存在する印象はないかもしれません。しかし，キノコは菌類の本体ではありません。胞子を分散するための器官であり，実際は菌糸体という本体が地中や，倒木の内部に存在し，さ

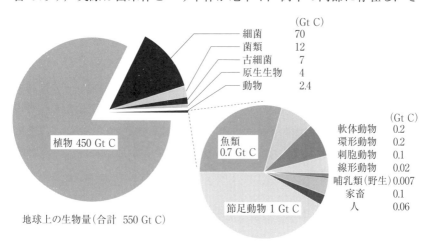

図 5.6　地球上の生物量

らにそこから伸びた菌糸が栄養を集めています。中には1つの個体由来の菌糸が，7.8km²にも及ぶものがあります。また，地球上の8割以上の陸上植物は，菌根菌という菌類と根の部分で共生しており，菌類は様々な場所で活動していることが明らかになりつつあります。

　その次に多いのが古細菌です。これも細菌とよく似たところに見られますが，占める割合は全体の1.3%（7 Gt C）になっています。次は原生生物です。動物，植物，菌類以外の真核生物が含まれています。そしてもっとも少ないのが動物です。先ほど見てきた種数ではあれほど多くを占めていたのに，その生物量はとても少ないことがわかります。

　動物は，植物などの光合成を行う生物が作った栄養を摂取することによって生きています。そのため，光合成などによって自ら栄養を作る生物の量に，動物の増殖が大きく制限されていることが生物量の少なさの原因です。では動物の中で生物量が多いのは，どのような種類でしょうか。やはり一番はその種数も多い昆虫を含む節足動物です（ただし，生物量で多くを占めるのは海棲のカイアシ類やオキアミ類）。その次は魚類，そして，軟体動物，環形動物，刺胞動物と続きます。刺胞動物はサンゴやクラゲの仲間を含み，動物の中では組織や神経系があまり発達していない生物ですが，その生物量は動物の中ではそれなりの量を占めています。その次に多いのは家畜です。人そのものより多い。一方，野生の哺乳類や鳥類はわずかです。

5.4.3　炭素量と光合成との関係

　植物の占める割合が大きい理由は，光合成により太陽光を利用して二酸化炭素から有機物（グルコース）を合成できることと，他の生物に食べられたり，分解されたりしにくい体をもつことです。そのため，炭素を溜め込むことができます。一方で，海洋にいる一部の藻類は光合成に

よって活発に二酸化炭素を利用していますが，すぐに食べられてしまい，炭素量を重さで見積もる方法ではその割合が小さくなります。二酸化炭素の問題を考える上では生物量だけでなく，実際の光合成の量も推定する必要があります。このように生物量や光合成の量を把握することから，温室効果ガスといわれる二酸化炭素の大気中の濃度上昇の問題などをより理解することができます。

まとめ

　科学の発展とともに，新たな特徴をもつ生物が発見されてきました。現在でも個々の生物の新たな発見とその記載は行われており，その数は増しています。地球全体でどれくらいの種数となるのかは，目に見えない小さな生物ではまだまだはっきりしませんが，大きな生物ではその実情が明らかになってきています。また，生物の量もその体に含まれる炭素の重さとして推定されており，種数が多いからといって生物量も多いわけではないことや，陸上では植物の生物量が全体の中でも多くを占めることが明らかになっています。

参考文献

□二河成男，加藤和弘『初歩からの生物学』放送大学教育振興会（2018年）
□アリストテレース（著），島崎三郎（訳）『動物誌』（上・下）岩波書店
□テオプラストス（著），小川洋子（訳）『植物誌』（1，2）京都大学学術出版会

□ Y. M. Bar-On, R. Phillips, R. Milo, "The biomass distribution on Earth", PNAS, Vol. 115, pp. 6506-6511, National Academy of Science, US（2018）
□ C. Mora, D. P. Tittensor, S. Adl, A. G. Simpson, B. Worm, "How Many Species Are There on Earth and in the Ocean?" PLOS Biology Vol. 9, e1001127, Public Library of Science, US（2011）
□ Catalogue of Life　https://www.catalogueoflife.org/　（生物の種に関するデータベース）

6 | 生命の科学（2）生物間の関係性

二河成男

《**目標＆ポイント**》地球上の生物は，いずれもそれ自身だけでは生きていくことができません。生きるためには，様々な形で他の生物を必要としており，直接的あるいは間接的な関わりがあります。そして，この関わりは多岐に渡っていることが明らかになってきました。この章では，栄養の取得やその循環から，生物間にどのような関係があるのかを学びます。また，関わりがあることによって，生物多様性の維持や新たな性質が生まれる例を紹介します。

《**キーワード**》栄養，炭素循環，独立栄養，従属栄養，生産者，消費者，分解者，食物連鎖，食物網，栄養カスケード，細胞内共生，菌根，寄生

6.1 生物と生物の関係

　生物は他の生物との関わりなしには生きていくことができません。人の場合でも現在の環境を維持しながら生きていくには，作物を作り，家畜を育てることが必要です。作物を作るには水だけでなく，肥料も必要です。自然の力で肥料を作るには，微生物の力が欠かせません。また食材だけでなく調理にも生物は関わってきます。例えば，発酵食品には微生物の力を必要とします。衣服や様々な道具も生物由来の素材が欠かせません。人の労働の一端を担う生物もいます。これらの人が利用している生物が生きていくには，また別の生物が関わっています。さらには，人体の腸内や皮膚表面には1,000種類を越す細菌が存在します。他の生物にもまた別の細菌が存在します。このように一つの生物が生きていく

だけでも相当な種類の生物との関わりがあり，その各々がまた多数の種
類の生物と関わりがあります。ここではそのような生物と生物との相互
の関係について，栄養の循環という視点から見ていきましょう。

6.2 栄養とその循環

　生物が生きていくためには，外部から**物質**や**エネルギー**を取り入れる
必要があります。人を含む動物では食べることによって生命活動に必要
な物質（**栄養**）を得ています。例えば，人にとっての三大栄養素は，**炭
水化物**（糖質），**タンパク質**（たんぱく質），**脂質**です。これら以外にも，
水，**酸素ガス**（O_2），**補酵素類**（ビタミン類），**金属イオン**（ミネラル）
といった物質も量の大小はあれ，必要不可欠です。他の動物も同様に食
べ物からエネルギーや栄養を得ています。

　陸上の植物も，外部からエネルギーや栄養を摂取する必要があります
が，動物とは少し違っています。エネルギーとして，**太陽光エネルギー**
を利用できます。そして，植物にとっての"栄養"は動物のそれとは違
い，**二酸化炭素**（CO_2），**水**，**窒素分**，**リン**，**カリウム**，その他の要素（主
に金属イオン）が必要です。酸素ガス（O_2）も自身で作った栄養（グル
コース）を利用する際に必要とします。

　このように生物は様々な物質やエネルギーを利用しています。そして
個々の生物自身はそれらの物質をある意味使い捨てています。人は食べ
たものを元の状態に戻してはいません。消化吸収して，自身の体の一部
とする，あるいは活動のエネルギーとして利用し，利用できないものは
そのまま排出します。その他の生物も同様です。しかし，これらがその
まま放置されていては人間などが生まれるはるか以前に，利用可能な資
源がなくなり，地球の生物はいなくなっていたでしょう。実際は，別の

生物が他の生物の使い終わった物質を利用し，場合によっては他の生物が利用できるような形に変換しています。つまりは，あらゆるものが**リサイクル**され，生物及びその周囲の環境の中を**循環**しています。

　そして，生物が生きるために必要な様々な物質の循環には，地球上のすべての生物が関わっています。人にとって益のある生物も，そうでない生物も，この物質の循環のどこかに位置して，何らかの役割を担っています。

6.3　栄養獲得の手段

　生物の体を形作る物質は**炭素**を主な成分とする**有機物（有機化合物）**です。人の体を構成する物質も水を除けば，炭水化物，タンパク質，脂質など炭素を主成分とする有機物です。いずれの生物も自身で用いる有機物を自身である程度合成できます。ただし，動物などの他の生物を食べる生物では，有機物の合成に有機物を素材として必要とします。一方，大部分の植物は光のエネルギーを利用して二酸化炭素と水から**有機物（グルコース）**を作ることができます。このように，生物には環境中の物質やエネルギーを利用して有機物を合成できる生物と合成できない生物がいます。合成できる生物を**独立栄養生物**といいます。自身では合成できず，他の生物やそれらが作った有機物を摂取する必要がある生物を**従属栄養生物**といいます。例えば，人などの動物は従属栄養生物となり，光合成を行う植物などは独立栄養生物となります。酵母，カビ，キノコなども従属栄養生物です。細菌は種類によって異なります。光合成が可能なシアノバクテリアは独立栄養生物になり，大腸菌などの生存にグルコースなどの有機物の摂取が必要な細菌は従属栄養生物となります。

従属栄養生物は他の生物が作った有機物を摂取する必要があります。したがって，独立栄養生物から従属栄養生物に有機物が伝達されることになります。これは有機物だけではなく，他の栄養分にも類似の生物間での受け渡しがあります。そして，これらの栄養あるいはそれを構成する物質などは，生物及びその周囲の環境の中を循環しています。この章では炭素を念頭に説明します。ただし，窒素なども循環していることが分かっています。このような循環にどのような形で種々の生物が関わっているのかについて見ていきましょう。

6.4 栄養の循環での役割

独立栄養生物と従属栄養生物という分類は，生物体内での物質合成能の違いに着目した見方です。一方，生物の関わりやつながりという点に注目する場合，栄養の循環における各生物の担う役割を考えます。栄養の循環，より正確には有機物あるいは炭素循環の場合，生物を3つの役割に分けることができます。それは**生産者，消費者，分解者**です（図6.1）。

6.4.1 生産者

生産者は，環境中から得たエネルギーと無機物（有機物以外の物質，二酸化炭素や水など）を利用して，有機物を合成する生物です。上記の独立栄養生物が生産者に相当します。生産者以外は他の生物から有機物を得る必要があります。地球上の有機物は，その元をたどっていくと，生産者が無機物から合成したものになります。したがって，生産者以外の生物が利用する有機物を供給することが生産者の役割の1つとも言えます。植物，藻類，シアノバクテリアなど，太陽光エネルギー，水，二

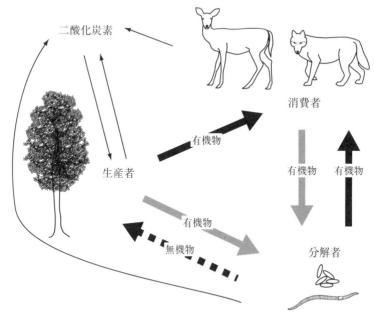

図6.1　生物での炭素の循環　生産者，消費者，分解者
黒の太線は捕食による有機物の摂取，灰の太線は死骸，排出物，枯死体からの有機物の摂取

酸化炭素を利用して，有機物であるグルコース（ブドウ糖）を合成する生物が典型的な生産者です。また，生産者の中には太陽光ではなく水素分子や鉄イオン等の無機物のもつエネルギーを利用して有機物を合成する生物もいます。そして，生産者も生きていくためには，さまざまな生産者にとっての栄養を必要とし，外部から摂取しています。

6.4.2　消費者と分解者

　消費者と分解者は，他の生物やそれらが作り出した有機物を，摂食や吸収によって体内に取り込みます。いずれも先に示した従属栄養生物です。比較的簡単に栄養として摂取しやすいものや生きている生物から有

機物を得ている生物を消費者といいます。一方，摂取しにくいもの，生物の死骸や他の生物が利用できずに排出したものから栄養を得る生物を分解者といいます。植物の葉を食べる昆虫やウシなどは消費者です。また，それらの動物を食べる動物も消費者です。植物の枯れ葉や倒木から栄養を得る生物は分解者です。動物の死骸や排出物を利用する場合も分解者です。ただし，様々なものから栄養を得る生物もいるので，どちらの性質ももつ生物もいます。

　消費者の役割は，消費者自身も含む他の生物組織を摂食するなどにより体内に取り込んで，消化することにあるとも言えます。あるいは，他の特定の生物が増えすぎないように調節する役目とも言えるのかもしれません。この点は後ほど説明します。

　分解者の役割も，消化することにあります。ただし，こちらは消費者が消化できないようなものまでも消化します。例えば，木材などの消費者が食べても分解できずに排出されるものなどです。最終的に有機物に含まれる炭素は二酸化炭素やメタンになります。また，メタンを酸化できる細菌や古細菌によって一部のメタンは二酸化炭素に変換されます。このような無機物である二酸化炭素になると，生産者はそれを利用して再び有機物を合成することができます。タンパク質や尿素などの窒素化合物も，分解者が硝酸，アンモニア，アミノ酸などに変えることによって，生産者や他の生物でも利用できるようになります。分解者は目立たない生物ですが，炭素や窒素の循環において重要な役割を担っています。

6.4.3　3者の関係

　これら生産者，消費者，分解者のつながりにおいて，有機物がどう循環しているかを示した図が図6.1になります。これは**炭素循環**を見てい

ることになります。大気中の二酸化炭素を使って生産者は有機物を合成
し，それを体の中に蓄えて行きます。それを摂食という形で利用するの
が消費者です。消費者は他の消費者や分解者も利用できます。分解者は
分解者を含む他の生物の死骸，枯死体，排出物に含まれる有機物を利用
しています。また，いずれの生物も有機物からエネルギーを取り出す際
に，二酸化炭素を放出します。これが大気に戻り，生産者が利用します。
このような循環において地球上の炭素は，環境中の二酸化炭素などの無
機物，生きている生物の体，環境中の有機物（遺骸や化石燃料など生物
の体外にあるもの）の3つの形で存在します。第5章で出てきた生物量
（炭素量）は，生きている生物の体に含まれる炭素の量に相当します。

6.4.4　食物連鎖と食物網

　次にこの循環における個別の生物のつながりに着目しましょう。生物
を生産者，消費者，分解者のいずれも，利用できる栄養は生物の種類ご
とに違っています。中でも消費者は，特定の消費者を栄養とするので消
費者が関わる栄養の循環に見られる生物のつながりに，生物多様性や生
物量を考える上でのヒントがあります。

　生物の食べる・食べられるのつながりを図として表現したものが，**食
物連鎖**です。個々の生物が暮らしている生活環境で何から栄養を得てい
るかの一例を模式的に示したものです（図6.2）。最初に食べられる側の

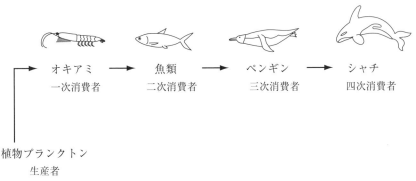

図 6.2　食物連鎖

生産者から見ていきましょう。陸上であれば植物で，海洋であれば植物プランクトンや海藻です。そして，最初の消費者はそれを食べる植食性の動物です。**一次消費者**といいます。これらの植食性の動物である一次消費者を食べる肉食性の動物が**二次消費者**です。肉食性の昆虫，甲殻類，小型の脊椎動物などです。この後は二次消費者を食べる三次消費者，さらに四次消費者という形で食物連鎖が続きます。

　このような消費者間の栄養の伝達を詳細に見ていくと，"鎖"というどちらかといえば直線的な関係だけでは説明が難しいことが分かってきま

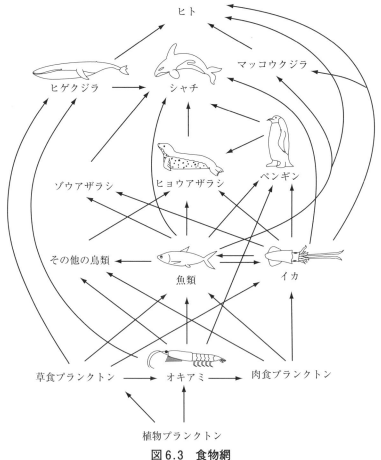

ヒト

ヒゲクジラ　　シャチ　　マッコウクジラ

ゾウアザラシ　ヒョウアザラシ　ペンギン

その他の鳥類　　魚類　　イカ

草食プランクトン　オキアミ　肉食プランクトン

植物プランクトン

図6.3　食物網

した。そこで現在では食物連鎖ではなく，**食物網**（図 6.3）という考えが
中心になっています。これも食べる・食べられるのつながりを単純な線
で結んだものですが，1 つの生物から複数の線によって別の生物とつな
がっています。この表現ならば，栄養の伝達の関係をより俯瞰的に見る
ことができ，現実に近いものになります。

6.5　生物多様性や生物量に及ぼす効果

6.5.1　生産者の効果

　消費者が生きていくには，生産者が必要です。食物網でもみたよう
に，高次の消費者であってもその有機物の由来をさかのぼっていくと，
最終的には生産者に行き着きます。問題は生産者がつくった有機物の
内，どれくらいの量を消費者が利用できるかです。これまでの調査や研
究の結果は，生産者が生産した有機物の一部しか，消費者は利用できな
いことが分かっています。残りは分解者が利用します。分解者も消費者
に捕食されるため，その分は消費者に利用されています。しかし，それ
でも生産者の合成した有機物の多くは利用できていません。また，消費
者や分解者が摂取できた有機物のうち，エネルギーを取り出すために使
用する分，そのまま排出する分もあり，得られた有機物のすべてが体の
組織として利用されるものでもありません。その結果，生産者を捕食す
る一次消費者の段階で利用できる量が限定されるだけでなく，次の段
階，その次の段階という形で利用できる量がどんどん減っていきます。
三次，四次の段階になるとさらに少なくなります（図 6.4）。このような
関係は生態ピラミッドとして表現されることがあります。一般には，陸
上では生物量で比較した時，生産者，一次消費者，二次消費者と栄養段
階が 1 つ上がることに生物量がおおよそ 1/10 になるとされています。

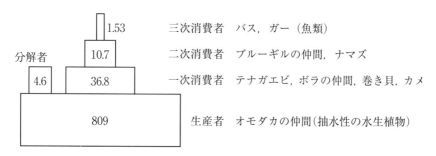

各栄養段階の生物量(g/m²)

図6.4　生態ピラミッド
米国フロリダシルバースプリングの湖沼生態系のデータ（Odum 1957 より作成）

　以上からわかることは，まず高次の消費者は，より低次の消費者や生産者の量，さらには生産者が利用できる資源の量に依存していることです。よって，生産者の利用できる資源が限定される，あるいは生産者の活動が抑えられることによって，関連する食物網全体が影響を受けます。特に限定された環境では，生産者が作る有機物の総量が抑えられると，高次の栄養段階の生物は，繁殖に十分な個体数を維持できなくなってしまいます。

6.5.2　高次の消費者の効果
　様々な調査や実験により，高次の消費者の役割が生物多様性や生物量に重要であることも分かってきました。典型的な例はその環境において頂点に位置する捕食者（他の動物に捕食されないもっとも高次な消費者）がいなくなったときに起こる現象です。北米大陸のイエローストーン国立公園ではオオカミが絶滅してしまい，その結果草食動物が増え，それらが植生を荒らし，土壌や河川が荒れるなど思いもよらない問題が生じたとされています。また，実験的にある海辺で頂点に位置する捕食

者であるヒトデを取り除くと，それまで多様な種が一定の頻度で存在した環境において種間の生存競争が高まり，イガイのみが残り他の生物はいなくなってしまう，ということが起こりました（図6.5）。このように栄養段階の上位の消費者の存在が，それに捕食される下位の消費者だけでなく，直接は関係のないさらに下位の消費者や，生産者あるいは，場合によっては環境までにも間接的に影響を及ぼす場合があることが分かってきました。

　このような高次の消費者からより低次の消費者や生産者へと食物網を介して段階的に影響が及ぶことやその経路のことを栄養カスケードとも言います。したがって，ある消費者の個体数の減少や絶滅，あるいはその行動の変化が，食物網に関わる他の生物に影響を与えます。つまり，高次の消費者のわずかな変化であっても，その食物網に関わる他の生物の種類や数に，大きな変化が生じる場合もあるということです。

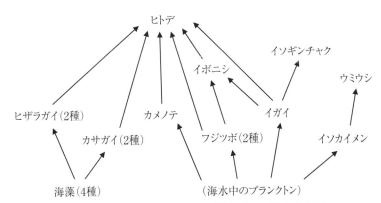

図6.5　栄養カスケード　岩礁性の潮間帯の生物群
図のような食物網が見られる岩場（主に海藻やフジツボが付着）でヒトデを定期的に除去する実験が行われました。除去開始後1年で半分の種がいなくなり，3年後にはイガイ（95％）とわずかなカメノテ（5％）のみ，8年後にはイガイのみとなりました。（Paine 1966, 1974 より作成）

6.5.3 生物の保全との関わり

　実際の環境において，生産者の効果と高次の消費者の効果のどちらの影響も存在します。現在，人為的な影響により高次の消費者が減った，あるいは絶滅した環境で，再移入や保護によりその消費者を増やす試みがなされています。その結果，移入した高次の消費者に捕食される生物の個体数や生態がより適切な状態に改善する場合があります。しかし，特に上位の消費者の場合，図6.4のように多くの生産者が必要です。すでに森林などが伐採され生産者の量が減っているところでは，消費者が増えてしまうとその地域だけでは消費者の栄養をまかなえず，人が利用している土地にまで進出して新たな利害の衝突が生じることも懸念されます。このように，高次の消費者の効果が明らかになったとしても，実際に生物の多様性を維持する，あるいは生物量を人間にとって適切な量に調整することは容易ではありません。

6.6　物質循環や食物連鎖を利用する生物

6.6.1　物質循環に関わる共生

　これまで見てきた物質循環自体は，生物が誕生し，独立栄養生物や従属栄養生物が出現した時点で生じていたと考えられます。しかし，現在のような形になるまでには，様々な変化が生物に起こったでしょう。言い換えると"新たな生物"が生じてきたとも言えます。そして，そのことが物質循環に大きな影響を与えてきました。その中でも生物と生物の強いつながりである共生について紹介します。

　現在，もっとも多くの生物量を示す植物は真核生物に分類されます。細胞に核をもつ生物で，他に動物，菌類，原生生物が含まれます。これら真核生物の祖先はもともと光合成を行う能力をもっていなかったこと

が分かっています。しかし，植物の祖先は15億年前ぐらいに光合成の能力を獲得しました。これは光合成を行う別の生物（現在のシアノバクテリアの祖先）を，**細胞内共生**（自身の細胞の内部に他の生物を取り込み自分のものとすること）によって獲得したことがきっかけとなっています（図6.6）。現在では別の生物ではなく，葉緑体となり完全に一体化しています。このような光合成能の獲得が現在の陸上植物や藻類の繁栄をもたらしました。

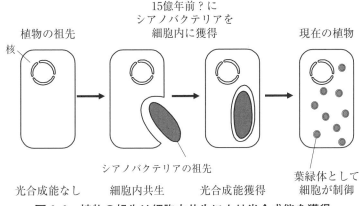

図6.6　**植物の祖先は細胞内共生により光合成能を獲得**

このような光合成能を獲得した植物の祖先の一部が，陸上に進出します。今から4億5千万年前と推定されています。その際に問題となるのが，栄養の取得です。水中では水に溶けている栄養を吸収していればよかったのですが，陸上では二酸化炭素，酸素以外は土壌から吸収する必要があります。そのため現在の陸上の植物では，吸収するための根とそれを植物体内に循環させる道管や篩管（師管）が発達しています。しかし，根は直に接する部分からしか栄養を得ることができず，それでは栄養が不足します。これを解決する方法として，現在の陸上の植物の大部分は，地下部（根）で菌類と共生しています。このような共生している

菌類は，菌糸の一方を植物の根の表層や内部に入り込ませ**菌根**を形成し，他方は土壌中に広く伸ばしています（図6.7）。そしてその広く伸びた菌糸を利用して栄養を集め，余った分を植物に提供します。植物側は，光合成により合成した有機物を菌類に提供します。このような根に共生している菌類を，**菌根菌**と言います。マツタケやベニタケなどの様々なキノコもこのような植物との共生関係にあることが分かっています。そして化石の研究から，植物が陸上に上陸した当初から共生関係が存在したと推定され，植物が陸上で繁栄するきっかけの1つであったと考えられています。

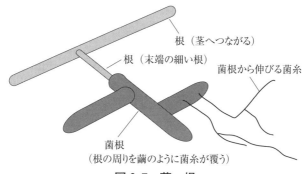

根（茎へつながる）

根（末端の細い根）

菌根から伸びる菌糸

菌根
（根の周りを繭のように菌糸が覆う）

図 6.7 菌 根

外生菌根菌は，末端の栄養吸収を行う根の周りを菌糸で覆う。
自身や植物に必要な栄養を吸収し，一部を植物に提供する。
植物は光合成でできた有機物を菌根菌に提供する。

したがって，現在の植物が地上で繁栄し，消費者や分解者に有機物を提供できるのも共生という関係によるものです。このような共生が生じなければ，地球は今とはまた違ったものになっていたかもしれません。

6.6.2 食物連鎖と寄生
食物連鎖の食べる・食べられるのつながりを巧みに利用して，生きて

いる生物もいます。その代表的な生物は寄生生物です。寄生生物は，他の生物の体表面や体内に存在し，その生物の組織等を栄養として生きています。その結果寄生された生物（寄主）は病気になることや，場合によっては死ぬこともあります。寄生生物は，生きるためには寄主となる生物に入り込む必要があります。その方法は寄生生物ごとに独特なものがあり，寄主の食物連鎖を利用する寄生生物もいます。

　アニサキスという生物をご存知でしょうか。生の魚やイカに寄生していることがあり，人が食べると種類によっては激痛をもたらします。厚生労働省の食中毒統計では，日本では 2020 年に年間 400 人ほどが食中毒になっています。アニサキスにとって，人は寄主としては適しておらず，本来は最終的に海棲哺乳類の消化管に寄生し，成虫となり産卵します（図 6.8）。そしてその卵は排泄物とともに海中に排出されます。卵は海で幼虫となり，まずは甲殻類（オキアミなど）に食べられて，その体内で成長します。その後アニサキスをもつオキアミが魚やイカに食べられます。その体内ではまだ成虫にはなれません。それらの魚やイカが，

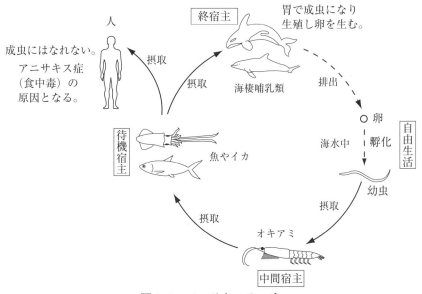

図 6.8　アニサキスの一生

海棲哺乳類（クジラ，イルカ，アザラシなど）に食べられるとアニサキスはその消化管内でようやく成虫になり，産卵します。このようにアニサキスは他の生物が関与している食物連鎖を利用して，自身の繁殖を行っています。食べる・食べられるといった生物の関係があるからこそ，このような寄生生物が繁栄しているともいえます。

まとめ

　生物は栄養獲得を介して関わりがあります。生産者，消費者，分解者といった大きな枠組みでの関わりもあれば，食物網や食物連鎖のような直接的な関わりもあります。食物網のような生物の関係は，そこに含まれる生物の個体数の変化や行動，性質の変化が，直接つながっていない生物にも影響を及ぼします。共生などの他の生物を利用して，栄養の循環の新たな位置に入り込むものもいれば，食物連鎖を利用して世代をつないでいく寄生生物もいます。生物間の関係性を理解することが生物の理解につながると言えます。

参考文献

□二河成男，加藤和弘『初歩からの生物学』放送大学教育振興会（2018年）

□ウィリアム・ソウルゼンバーグ（著），野中香方子（訳）『捕食者なき世界』文藝春秋（2010年）

□ H. T. Odum, "Trophic Structure and Productivity of Silver Springs, Florida", Ecological Monographs, Vol. 27, pp. 55-112, Ecological Society of America (1957)

□ R. T. Paine, "Food Web Complexity and Species Diversity", The American Naturalist, Vol. 100, pp. 65-75, The University of Chicago Press (1966)

□ R. T. Paine, "Intertidal Community Structure: Experimental Studies on the Relationship between a Dominant Competitor and its Principal Predator", Oecologia, Vol. 15, pp. 93-120, Springer (1974)

7 | 生命の科学（3）分子からなる生物

二河成男

《**目標＆ポイント**》生物はいずれも物質が集まってできています。生物だけでなく，目に見えるものはどれも物質が集まったものです。煙の様な形がはっきりしないものも，煙の実体である個々の粒は物質からできています。ここでは，生物はどんな物質あるいは構造が集まったものかを学びます。そして物質の集まりと生物の違いはいったいどのようなものか，について考えます。
《**キーワード**》細胞，細胞小器官，核酸，タンパク質，脂質，糖，DNA，RNA，アミノ酸，分子，原子，元素，情報

7.1　物質と情報と生物

　生物は何からできているかを知ることがこの章の目標です。生物の体は，小さなものが集まってできています。ただし，砂で作った砂像のように，ほぼ同じ性質の物質が集まって生物のからだができているわけではありません。生物では，性質の異なる小さな"要素"が集まって，生物独特の様々な機能を有する"構造"が作られ，さらにその"構造"が"要素"として集まり，より大きな，機能をもつ"構造"が形成されます。これらは**階層性**ともいわれます（図7.1）。

　もう一つ生物がもつ特徴は情報です。たとえば，生物を構成する物質

図7.1　生物に見られる階層性　原子から個体まで
左側の要素が複数集まり，右側の構造を形成している。

を集めただけでは生物にはなりません。生物では，それらの物質が"組織化された状態"に置かれています。言い換えれば，個々の生命活動を行う上で，物質が適切に配置され，機能できるようになっている状態です。このような組織化された状態を維持するための**情報**が記述されている物質がDNAになります。

　では，生物の個体を構成する要素である細胞，細胞を構成する要素である分子，そして分子という構造の要素である元素（あるいは原子）と，階層をたどりましょう。そして，生命と物質との関係における遺伝情報の役割について考えましょう。

7.2　生物のからだは細胞からなる

7.2.1　細　胞

　生物の体は**細胞**という構造から構成されています（図7.2）。したがって，細胞の活動が生物の活動の根源でもあります。人が何かを考える時には脳が活発に活動します。脳を構成する細胞の中でも思考の役割を担うのが神経細胞であり，多数の神経細胞が活発にはたらくことによって脳が機能しています。身体を動かす際に筋肉が収縮するのもまた，細胞のはたらきによっています。筋肉を構成する多数の筋細胞（筋繊維）が協調して収縮することによって筋肉が収縮し，それによって身体の構造が動きます。まずは，細胞がどのようなものかを見ていきましょう。

　種類によりその大きさは大きく異なりますが，おおよそ動物や植物の細胞であれば，長さが0.1〜0.01ミリメートル，大腸菌などの細菌の細胞であれば0.001ミリメートル程度の大きさです。0.001（1000分の1）ミリメートルが1マイクロメートルに相当します。かつて，マイクロメートルをミクロンと言っていたので，細胞の世界はミクロの世界とも

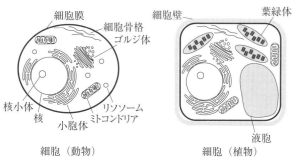

細胞膜　　　　細胞壁　　　　　　葉緑体
細胞骨格
ゴルジ体

核小体　　　　　　　リソソーム
核　　　　　　　　　ミトコンドリア
　　　　小胞体

液胞

細胞（動物）　　　　　　　　細胞（植物）

図 7.2　細　胞

いえるでしょう。細胞一つ一つは小さいですが，それがたくさん集まることによって様々な生命活動が行われています。動物や植物の体も多数の小さな細胞が集まったものです。

　動物も植物もその個体の生命の始まりは，1 つの細胞からです（図 7.2）。それが分裂を繰り返して，その数を増やして，最終的に大きな体を作ります。この**細胞分裂**によって増殖するのが細胞の特徴の 1 つです。単純に分裂すると，徐々に小さくなってしまい，それでは動物や植物の体はできません。生物では，細胞自体も成長して大きくなります。そして，細胞の種類ごとに一定の大きさになると分裂します。よって，適切な栄養が供給される条件であれば，細胞は一定の大きさを保ちながら分裂して増殖します。したがって，徐々に細胞数が増加し，それにともなって生物のからだも徐々に大きくなります。

　顕微鏡の写真や映像を見ても，細胞がどういうものか想像しづらいでしょう。一方，細胞の中でも例外的に大きなものがあります。それは卵です。一般に販売されている鶏卵の卵黄の部分は，卵細胞（卵子）という細胞に相当します。ただし，卵黄の内容物のほとんどは受精後にからだが成長するための栄養であり，他の細胞に見られる構造はやはり極め

て小さく，顕微鏡などなしに観察することは困難です。大きさや色を除けば，細胞がどのようなものか理解する助けとなるでしょう。

7.2.2 細胞の内部にある構造

細胞は**細胞膜**という膜に包まれています。これによって細胞の内外が明確に区別されています。そして，細胞内部には大小様々な構造があります。まずは，動物や植物の細胞に共通する構造を紹介しましょう（図7.2）。

動物や植物の細胞の内部には**核**とよばれる構造があります。多くの場合球状の形をしており，細胞に１つあります。核膜とよばれる膜に包まれ，その内部に生物の設計図ともいわれる DNA を含む**染色体**という構造が入っています。細胞が生きていくための情報を保持する構造とも言えます。

ミトコンドリアも細胞内の構造です。これは酸素ガス（O_2）を利用して，栄養として摂取した物質から細胞の活動に必要なエネルギーを効率よく取り出す構造です。動物であれば筋肉など，活発に活動している器官の細胞には多くのミトコンドリアがあります。ミトコンドリアも膜に包まれた構造です。

植物の細胞にあって，動物の細胞にはない構造があります。その一つが**葉緑体**です。葉緑体は光合成を行い，光のエネルギー，水，二酸化炭素を利用して，グルコース（ブドウ糖）を合成します。葉緑体は植物だけでなく，コンブ，ワカメ，ノリなどの海藻や珪藻などの細胞にも見られます。

これら以外にも細胞には，膜に包まれた様々な構造があります。小胞体やゴルジ体は，特定の物質の合成や，それらの細胞内外への輸送に関与しています。リソソーム（植物では液胞が同じ機能）は細胞内部の物

質の分解に関わっています。

　このような細胞内部に見られる構造は**細胞小器官**といいます。これらの構造もまた，実際は様々な物質が集まったものです。このような膜に包まれた構造以外にも，細胞内には構造があります。例えば，**細胞骨格**といわれるタンパク質が連なってできた繊維状の構造があります。これは，細胞の形状の維持や変化に関与します（細胞骨格も細胞小器官の 1 つとする場合もあります）。

　細胞内で，これらの細胞小器官以外の部分は**細胞質基質**という水溶液で満たされています。**サイトゾル**ともよばれます。細胞質基質には細胞で使う様々な物質が水に溶けた状態で存在します。細胞が機能する上で必要な物質，それを合成するための物質，あるいはその素材となる物質などです。そして，この細胞質基質の中でも様々な生命活動が行われています。

7.3　細胞はどのような分子からなるか

7.3.1　分子からなる細胞

　このような細胞やその構造は**分子**という物質からなります。分子とは，原子が結合し，1 つのまとまりになった粒子です。そして，分子は物質（分子の集合体）としての性質を示す最小の単位のことをいいます。これはどういうことかと言うと，水という物質は水分子がたくさん集まったものです。水を一つ一つの水分子に分けて，水分子 1 つになっても "水" の性質を示します。一方，水分子を更に分割するとそれは，"水" の性質を示さないものになります。これが上記の "物質としての性質を示す最小の単位" という意味です。

　細胞は極めて多様な分子からなりますが，量（質量）でみると特定の

特徴をもつ分子が大部分を占めています。それは，水と有機物（有機化合物）です（図7.3）。有機物は，炭素を含む主に生物が合成する分子のことを言います。細胞は袋に包まれた水の中に様々な有機物が溶けており，中には別の小袋（細胞小器官）をもつものもある，とも表現できるでしょう。

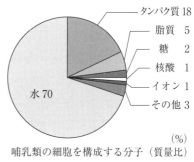

哺乳類の細胞を構成する分子（質量比）

図7.3　生物を構成する分子

　これらの細胞内の有機物も大きく4種類に分けることができます。それらは核酸，タンパク質，脂質，糖です。これら有機物は生物が合成したものです（図7.3）。動物などでは生存に必須にもかかわらず合成できない有機物もあり，それらは食べ物から摂取します。それらも元をたどると植物等の別の生物が合成したものに由来します。次に各分子の特徴を見ていきましょう。

7.3.2　核酸　DNAとRNA

　核酸に分類される分子はいくつかありますが，その中では**DNA**と呼ばれる**デオキシリボ核酸**がいちばん有名です（図7.4）。細胞内の構造の核のところでも出てきましたが，このDNAにいわゆる生物の設計図である**遺伝情報**が記されています。DNAは非常に長い分子であり，人の細胞では核の中にあるDNA（46本）をつなげて伸ばすと2メートルの長さにもなります（実際には切れてしまうので伸ばすことはできません）。

　このような長い構造は，他の後述する細胞内の分子にも見られます。いずれも小さな分子（単量体，ユニット）が連結することによって長い

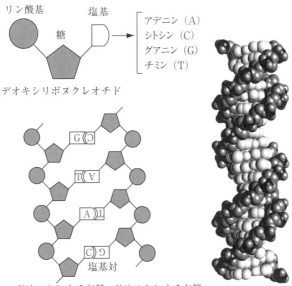

図 7.4　DNA

左上：単量体。1つの単量体はリン酸基, 糖, 塩基の3つの部位からなる。
左下：DNA の模式図。A と T, G と C の塩基が対を形成する。
右：DNA 二重らせんモデル。

分子（重合体, ポリマー）になります。DNA の場合は**デオキシリボヌク**
レオチドが連なっています。2 メートルの長さは, およそ 60 億個分のデ
オキシリボヌクレオチドの長さになります。生物の DNA に使われるデ
オキシリボヌクレオチドには4種類あります。その4種類では, 塩基と
呼ばれる部分に違いがあります（図 7.4）。それぞれの塩基は**アデニン**
（A）, **チミン**（T）, **グアニン**（G）, **シトシン**（C）と言います。そして,
DNA 上ではこの塩基の並びに遺伝情報が記されています。このような
分子内に見られる4種類の塩基の並びの順序に, 生物が生きていくため
の情報が記されています。また, その塩基の並びの順が正確に子へと伝

達されることにより，子は親に似ることになります。

　これらの生体内の分子にはそれぞれの形（立体構造）があります。DNA の場合は，**二重らせん**（図 7.4）とよばれる形をしています。この二重らせん構造を取るには，デオキシリボヌクレオチドがつながった鎖状の構造（ポリヌクレオチド鎖）が 2 本必要です。それらが塩基の部分で塩基対という対合によって，二本鎖を形成し，二重らせん構造をとります。この状態が DNA の通常の状態であり，これを 1 つあるいは 1 分子の DNA とします。

　核酸には DNA 以外にも **RNA**（**リボ核酸**）があります。これはリボヌクレオチドが連なったものです。DNA の遺伝情報の部分的なコピーとして細胞で合成されます。また，リボヌクレオチドの一つである **ATP** という物質は，細胞の化学反応に必要なエネルギーを供給する分子として利用されています。筋肉などでは多くの ATP を消費します。そして，この ATP を効率よく合成する細胞小器官がミトコンドリアであり，光のエネルギーを利用して ATP を合成できるのが葉緑体です。

7.3.3 タンパク質

　DNA に記された遺伝情報を利用して細胞は自身を制御しています。ただし実際に制御しているのは，この遺伝情報を元にして合成された**タンパク質**です（図 7.5）。遺伝情報にはどのような状況で，どのタンパク質をどれだけ合成するのか，といった情報が記されています。タンパク質の種類は人では 20,000 種類にも及びます。これらはそれぞれ機能が異なっています。その結果，どのタンパク質を合成するかによって，細胞の活動が違ったものとなります。

　DNA には及びませんが，タンパク質もかなり長い分子です。**アミノ酸**という小さな分子が鎖状に多数つながって，一つのタンパク質になり

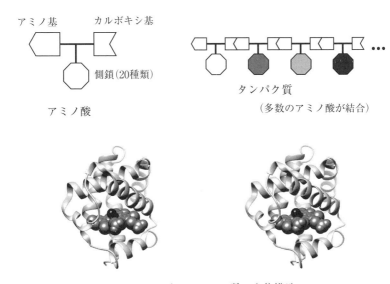

ヒトのグロビンタンパク質の立体構造

タンパク質自体は主鎖（連結する部分）のみ模式的に表示。
黒は酸素分子，濃灰はヘムという有機物。ヘムに酸素を結
合させて，体内で酸素を運搬する。上の2つの図で立体視
をすれば酸素，ヘム，タンパク質の関係がわかる。

図7.5　アミノ酸とタンパク質

ます（図7.5）。その種類によって長さは異なりますが，人の場合，平均
すると500個ぐらいのアミノ酸がつながって1つのタンパク質になりま
す。アミノ酸にも種類があり，いずれの生物でも同じ20種類のアミノ
酸が使われます。この20種類のアミノ酸の並び（配列）が違うことに
よってタンパク質の機能も異なります。

　例えば，アミノ酸500個からなるタンパク質を合成するには，正しい
順番で20種類のアミノ酸を500個並べる必要があります。各タンパク
質を合成するために必要なアミノ酸の情報をもつ分子が，DNAです。4

種類の塩基からなる DNA の配列に，タンパク質のアミノ酸の配列の情報が記されています。細胞は，自身がもつ DNA に記されたこの情報を読み取って，正しいアミノ酸の配列をもつタンパク質を合成します。

　このようにして合成されたタンパク質は，細胞内外の様々な部位で様々な役割を担っています。生体内の触媒として，化学反応を円滑に行う役割を担うタンパク質を**酵素**といいます。細胞骨格などの細胞の構造や細胞外の構造を支える役割を担うタンパク質を**構造タンパク質**といいます。光，化学物質，ホルモン，生理活性物質などの細胞外の刺激や信号を受け取る役割を担うのは**受容体**です。ホルモンとしての役割をもつタンパク質もあり，ペプチドホルモンなどといわれます。この他にも様々な機能があり，タンパク質は細胞内の機能分子とも言われます。

　タンパク質の場合，その形は種類ごとに異なっています。多数のアミノ酸がつながった構造が折りたたまれて，球状，棒状，樽状など種類ごとに異なる構造を取ります。構造が類似するタンパク質もありますが，ある部位を占めるアミノ酸が異なれば，機能は違ってきます。また，同じ種類のタンパク質が複数で集合体を形成して，機能する場合もあります。

7.3.4 脂　質

　細胞内にある**脂質**の役割の 1 つは，細胞内の膜構造を作ることです。細胞膜や細胞小器官を包む膜の主な成分は，リン脂質という脂質です（図 7.6）。リン脂質は文字通りリンを含む部位，脂肪酸に由来する長鎖炭化水素の部位，そしてこれらをつなぐ構造からなります。長鎖炭化水素は文字通り炭化水素という構造が 10 から 20 つながっています。

　脂質には水の中でも溶けることなく他の脂質と集まる特徴があります。脂質は"油"なので，水とは混ざらず，油や油に溶けやすい物同士

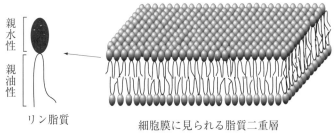

親水性

親油性

リン脂質

細胞膜に見られる脂質二重層
（膜の両側は水で満たされている）

図7.6　リン脂質と脂質二重層

で集まります。細胞の中でも同じことが生じます。そのような集まりの
形態の1つが細胞膜です。細胞膜の主な成分であるリン脂質はすこし変
わった脂質で，油とよくなじむ部位（親油性，長鎖炭化水素を含む）と
水とよくなじむ部位（親水性，リンを含む）をもっています。その結果，
水溶液中では油とよくなじむ部位同士と水とよくなじむ部位同士が別々
に集まります。ただし，1つの分子が分かれることはないので，油とな
じむ部位同士が向き合って配置され，水になじむ部位が外側で水と接す
る部分に配置されます。そうすると，図のような二層からなる膜を形成
します（図7.6）。これが**脂質二重層**と呼ばれる細胞膜の基本的な構造で
す。リン脂質の分子同士は結合していません。しかし，そのリン脂質の
間に水やイオンが入り込むことはできないので，内外を区別する"膜"
としての役割を担うことができます。

7.3.5　糖

代表的な**糖**の一つは**グルコース**です（図7.7）。ブドウ糖とも言われま
す。光合成によって二酸化炭素と水から作られます。分解してエネル
ギーを取り出す，あるいは酵素によって別の物質に変えて生物の体内で
利用されています。保存する場合は多数が結合した状態になり，それを

デンプンやグリコーゲンと言います。また，植物の細胞壁成分の40〜50％を占めるセルロースも糖に分類されます。**セルロース**はベータ-グルコースが平面上に連なりそれが重なった物質です。残念ながら人はセルロースを消化することができないため，直接栄養として利用できません。分解できる生物も少なく，その条件も限定されています。セルロースやリグニン（有機物だが糖ではない）からなる樹木の木部は，伐採後も非常に強固な構造をしており，住居や家具などに利用されています。このような栄養貯蔵や生物の構造維持だけでなく，細胞の表面にも糖が連なった構造があります。それは**糖鎖**と言います。このような糖鎖は細胞が細胞を識別する際に利用されています。ABO式の血液型の違いは赤血球の表面にある糖鎖の違いです。

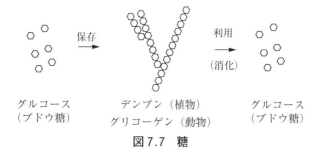

図7.7　糖

7.4　細胞の分子はどのような元素からなるか

　分子は原子が結合し，1つのまとまりになった粒子と説明しました。では，原子とは何でしょうか。正確な定義は化学や物理にまかせて，ここでは一番簡単な（不正確だが直感的にわかりやすい）定義である，物質を構成する最小の粒子とします。分子は物質としての性質を示す最小の単位でした。原子は物質を分けていったとき，その性質を示すかは関

係なく分割したときの最小の粒子になります。量子の世界を知ればより正確な説明ができるでしょうが，ここではこの程度の理解にとどめておきます。

　次は，元素は何かという問題です。元素は原子の種類のことを言います。例えば酸素原子にも色々と種類があります。その性質や構成する要素が類似している原子は，まとめて1つの元素に分類されています。酸素や水素などが元素に相当します。その性質などから水素という元素に分類される原子が水素原子，酸素という元素に分類される原子が酸素原子となります。よって，原子には実体がありますが，元素は分類の名称です。

　では，生物はどんな元素から構成されているのでしょうか。人の身体を構成する元素の質量比の推定値を見てみましょう（表7.1）。まずは，酸素，炭素，水素，窒素が大部分（97%）を占めています。次に，カル

表7.1　人体に含まれる元素（質量比）

元素	質量比	主な含有分子や局在	機能の例
酸素	61	多くの有機物，水	有機物の成分
炭素	23	多くの有機物	有機物の成分
水素	10	多くの有機物，水	有機物の成分
窒素	2.6	多くの有機物	有機物の成分
カルシウム*	1.4	骨，歯	筋収縮
リン*	1.1	核酸，骨，細胞膜	有機物の成分
硫黄	0.2	一部のアミノ酸	有機物の成分，酵素の補因子
カリウム*	0.2	細胞内	神経伝導，浸透圧調節
ナトリウム*	0.14	細胞外体液	神経伝導，浸透圧調節
塩素	0.12	胃液	神経伝導，浸透圧調節
マグネシウム*	0.027	骨	酵素の補因子
ケイ素	0.026		
鉄*	0.006	血液	ヘモグロビン，酵素の補因子
フッ素	0.0037		
亜鉛*	0.0033		酵素の補因子

上位15を表記。*は厚生労働省『日本人の食事摂取基準（2020年版）』に記された栄養素のうち，ミネラルに含まれるもの。上記ミネラルは他に，銅，マンガン，ヨウ素，セレン，クロム，モリブデンを含む。質量比はEmsley 2011より。

シウム，リン，硫黄，カリウム，ナトリウム，塩素，マグネシウム，ケイ素，鉄，フッ素，亜鉛，といった元素がつづきます。このように生物の体や細胞では，酸素，炭素，水素，窒素が大部分を占めます。これらは細胞に見られる主な分子（水や種々の有機物）を構成している元素とおおよそ一致しています。硫黄やリンも細胞内の有機物に使われていますが，その量は僅かです。また，人の体の6割は水であるため，人体は水に相当する分の酸素と水素を除くと質量比では炭素が最も多くなります（全体の57%）。

7.5　生命　物質と情報の集合体

　このように細胞を形作る構造や分子は生物が作ったものですが（水は除く），分子そのものは生物ではなく化学物質です。このような細胞の内部を構成する分子や構造は18世紀終わりの原子や分子の発見から20世紀までの間に明らかにされてきました。

　物質から生物がなるという見方は，極端な言い方をすると，生物を精密な機械の一つと捉えることもできるでしょう。しかし，パスツールらによって，生物がいないところからは生物が生じないことが示されました。つまり，人工的に作った分子を試験管に入れても，生物や細胞ができるわけではないということです。

　では，物質の集まりと生物は何が違うのでしょうか。一つは階層的な構造をしている点です。あるいは組織化された構造とも言えます。原子が集まり分子ができ，分子が集まり細胞内の構造ができ，それらが集まって細胞ができ，さらには動物や植物であれば，細胞が集まって器官ができ，そして器官が集まって個体ができます。少なくとも，細胞からしか生物は生じないので，細胞程度の構造や階層性をもつことが生物と

物質とを分ける要因なのかもしれません。

　もう一つは遺伝情報です。遺伝情報のようなものは物質にはありません。集まったり，隣接することによって影響を受けるといったことはあるでしょうが，情報を読み取って特定の物質を適切な条件で合成するといったことはないでしょう。また，遺伝情報自体に階層的な構造を作るための情報が備わっているとも言えるので，遺伝情報をもったことが，物質との違いを生み出したのかもしれません。

　ただし，現時点では物質と生物の違いを生み出すものが何か，正確にわかっているとは言えません。細胞のような袋状の構造にDNAと必要な物質を加えれば，遺伝情報をもとにタンパク質を合成し，自律的に増殖するわけではありません。部分的に人工物と置き換えることは可能です。また，人工的に合成したもので細胞のもつ性質の一部を再現することもできています。しかし，人が独自に設計した人工的な細胞で，生物の細胞と同じような振る舞いをするものは現時点ではありません。今後このような研究が進めば，もう少し物質と生物の違いや生命とは何かといったこともわかるのかもしれません。

まとめ

　動物や植物のからだは多数の細胞からなります。酵母，細菌など1つの細胞が1個体の生物もいます。ヒトの受精卵も1つの細胞です。このような点から細胞は生物の最小単位と考えられています。細胞自体は分子が集まった集合体と言えます。分子は原子あるいは元素からなる物質です。このように物質からなる構造とそれを制御する情報からなるというのが細胞あるいは生物の特徴です。

参考文献

☐ 二河成男，加藤和弘『初歩からの生物学』放送大学教育振興会（2018 年）

☐ 二河成男『生命分子と細胞の科学』放送大学教育振興会（2019 年）

☐ 中村桂子，松原謙一，榊佳之，水島昇（監訳）『Essential 細胞生物学（原書第 5 版）』南江堂（2021 年）

☐ J. Emsley, 'Nature's Building Blocks', Oxford University Press, New York (2011)

☐ S. Li, W. K. Olson, X.-J. Lu, "Web 3DNA 2.0 for the Analysis, Visualization, and Modeling of 3D Nucleic Acid Structures", Nucleic Acids Research, Vol. 47, pp. W26-W34, Oxford University Press (2019)（図 7.4 の DNA モデルの作成）

☐ E. F. Pettersen et al., "UCSF Chimera—a Visualization System for Exploratory Research and Analysis", Journal of Computational Chemistry, Vol. 25, pp. 1605-1612, John Wiley & Sons (2004)（図 7.4 および 7.5 の 3D モデルの描画）

8 | 物質の科学（1）化学

安池智一

《**目標＆ポイント**》原子論の立場から物質の多様性を俯瞰する。周期表における元素の並びの意味を理解し，安定な物質がどのように理解されるかを学ぶ。
《**キーワード**》原子論，周期表，閉殻，原子価，有機化合物，無機化合物

....

8.1　物質の多様性とその起源

　我々の身の回りには空気や水をはじめとして，様々な物質が存在しています。かく言う我々自身もやはり物質からできています。高温高圧の過酷な環境にも耐えて大地を形作る岩石や鉱物から，我々を含む生物を支えるいかにも繊細な糖質やタンパク質まで，多様な物質が存在することをご存知でしょう。また，物質は多様であるばかりでなく，温度や圧力などの条件や別の物質との遭遇によってその姿を変えます。この**物質の多様性と相互変換**の仕組みを知り，自然の豊かさの源を明らかにし，我々の存在の根源を探るのが化学の醍醐味です。

8.1.1　基本的なアイディア

　多様かつ相互変換する物質を上手く捉えるための優れたアイディアが，物質を分割していった先にあるそれ以上分割されない「原子」に基づく**原子論**です。いくつかの種類・数の原子が集まって物質が生じると考えれば，原子の種類・数・繋がり方の違いに応じて多様な物質が生じ得るのと同時に，物質の相互変換は集合状態の変化として理解すること

ができます。このような考え方にはすでに皆さんも馴染みがあると思いますが，やはりこのアイディアこそが物質を扱う科学の出発点です。

物理学者のR. P. Feynman（1918〜1988年）も，Feynman Lectures on Physics の冒頭で「何らかの大災害で科学的知識の全てが失われ，ただ一文だけを次世代に伝えることができるとしよう。最も少ない言葉で最も多くの情報を含むのはどのような文だろうか」と問いかけ，自ら「すべてが原子からできているという原子仮説だ」と答えることで，この基本的なアイディアの重要性を強調しています。

ところで，多様な存在を前にして"その背景に何かもっと単純なものがあるのではないか"と考えるのは，我々人間の癖とでも言えるようなもので，古代ギリシアにも原子論はすでに存在していました。Lucretius（c. 99〜c. 55 BC）が『物の本質について』[*1]に記した当時の原子論は

1）万物はそれ以上分割できないもの即ち原子と空虚からなる。

2）何ものも無からは生じ得ず，一旦生じたものは無に帰し得ない。

3）すべての変化は原子の離合集散に帰せられる。

というもので「原子の組み合わせによって多様な物質が生じるのは，アルファベットの順序の違いが様々な文章を生み出すようなものだ」という主旨のことを言っています。先に述べた現代化学の基本的なアイディアに酷似していますが，この時点をもって化学が成立したとは見做されていません。実際の物質についての実験による定量的な検証を欠いているからです。

8.1.2　空想から科学へ

原子論が実験的な検証を経て自然科学における物質の基本的なモデルとして広く認められるようになったのは18世紀の後半です。中心概念

[*1]　ルクレーティウス（著），樋口勝彦（訳）『物の本質について』岩波書店

である原子は極めて小さな粒子ですから，その存在が当時直接確かめられた訳ではありません。原子論が正しいとして成立すると期待できる巨視的関係の検証を通じてその正しさが認められていきました。

■質量保存の法則

原子が物質を分割していった先にある微粒子だとするならば，原子に質量があることは認めてもよいでしょう。そして，すべての物質の変化が原子の離合集散に帰せられるのであれば，変化の前後で全系の質量は保存するはずです。例えば，密閉容器の中で錫を加熱すると錫の一部は黒い粉末に変化しますが，A. L. de Lavoisier（1743～1794 年）は密閉容器中の気体も含めた全体の重さがこの反応の前後で保存されることを報告しています。

■定比例の法則

原子の離合集散の結果として物質変化が生じると考えたとき，目の前にある物質がどのような原子の集まりとして成り立っているかまで分かって初めて原子論は完成します。J. L. Proust（1754～1826 年）は，同一の物質であれば，作り方や産地によらずその組成が一定であることを様々な物質（鉱物）について示しました。

例えば，天然の孔雀石の組成と，硫酸銅と炭酸ソーダと水の反応によって得られる塩基性炭酸銅の組成が同一であることは，両者の加熱反応

$$CuCO_3 \cdot Cu(OH)_2 \xrightarrow{\Delta} 2CuO + CO_2 + H_2O \qquad (8.1)$$

を通じて示されました。加熱前の試料および加熱後の固体 CuO を秤量し，その比がいずれの場合にも同一であれば，それが示されたことになるわけです。

このようにして自然科学としての原子論が徐々に確立していきます

が，この際に重要だったのは，**正確な秤量による定量化**です。定量的な検証によって原子論はその支持者を増やしました。

8.1.3 誰が原子を見たか

　原子論が浸透してしばらく経ったのちも原子を見た人はいなかったので，よくできた仮説に過ぎないと考える人も少なくありませんでした。原子の大きさはどれくらいでしょうか。鉄を例に概算してみましょう。必要な情報は原子量と密度ですが，鉄の場合，それぞれおおよそ 56 および 7.9 g/cm^3 です。原子量は 1 モルあたりの質量をグラムで表記した際の数値[*2]に相当するので，1 モルあたりの体積は

$$\frac{56 \text{ g/mol}}{7.9 \text{ g/cm}^3} \sim 7.1 \text{ cm}^3/\text{mol} \tag{8.2}$$

となります。1 モルはアボガドロ数（$N_A = 6.02214076 \times 10^{23}$）個に対応するので，鉄原子 1 個あたりの体積は 1.2×10^{-23} cm^3 となり，立方根を取ると鉄原子の直径はおよそ 2.3×10^{-8} cm 程度ということが導かれます。この値は概算値ですが，実測の 2.52×10^{-8} cm とよく対応します。4 つ並べておおよそ 1 nm です。数百 nm 以上の構造がようやく解像できる通常の光学顕微鏡で見ることはできませんが，現在では，走査型電子顕微鏡（Scanning Tunneling Microscope, STM）や原子間力顕微鏡（Atomic Force Microscope, AFM）によってその姿を捉えられるようになっています。図 8.1 に示したのはペンタセン（$C_{22}H_{14}$）の分子モデル（A）と実際の像（B: STM; C, D: AFM）[*3]です。STM ではおおよそ同程度のサイズの何かがあるというくらいの見え方ですが，AFM では分子モデルそのままの姿が見えていることが分かるでしょう。いまや原子や分子の存在は直接確かめられる時代になっています。

[*2] 持って回った言い方になっているのは原子量が歴史的経緯によって単位を持たない量だからです。質量数 12 の炭素原子 ^{12}C を 12 とするように決められています。

[*3] L. Gross et al., "The Chemical Structure of a Molecule Resolved by Atomic Force Microscopy", Science Vol. 325 (2009) p. 1110

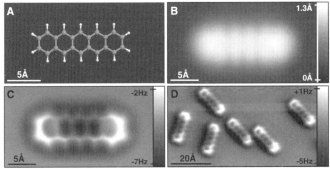

図 8.1　ペンタセンの分子モデルと実測像の比較

8.2　元素と周期表

8.2.1　元素のなりたち

原子論を認めたとして，次に問題となるのは何種類の元素があるかです。現在知られているのは 118 種。アルファベットで文章を紡ぐがごとく，少ない種類の元素の組み合わせで多様な物質の成り立ちを説明するのが原子論ではなかったか——話が違う！と憤る人もいるでしょう。

元素の多様性を前にして，またもや我々は考えます。それぞれの原子は，より少ない種類のさらに小さな粒子からなる複合粒子なのではないか。そしてそれはその通りで，原子は原子核と電子からなっていて，さらに原子核は陽子と中性子という 2 種類の核子からなっている[*4]ことが明らかになっています。

電子，陽子，中性子の質量と電荷を表 8.1 にまとめました。u は統一原子質量単位，e は電気素量です[*5]。この表を見ると，電子は陽子や中性子に比べて極めて軽く，原子質量のほとんどが原子核由来であること，また，陽子と中性子の質量がほぼ 1 u であることから，陽子数 Z と

[*4]　核子は大きなエネルギーを注入することでさらに分割されますが，通常の物質の理解においては電子と核子までを見ておけば十分です。

[*5]　具体的な数値としては，それぞれ u $\equiv 1/N_A$ g，$e \sim 1.60 \times 10^{-19}$ C となります。

表8.1 原子の構成粒子の質量と電荷

	電子	陽子	中性子
質量	0.0005486 u	1.0072765 u	1.0086649 u
電荷	$-e$	$+e$	0

中性子数 N の和は原子量におおよそ対応することが分かります[*6]。原子量は複合粒子としての原子の組成に関する元素の重要な属性であり，原子論の浸透に物質の正確な秤量が大きな役割を果たしたのも自然なことだと思われます。

　一方で，現在では元素は原子番号で区別するのが一般的です。皆さんもご存知の**周期表**（表8.2）は，元素を原子番号の順に並べたものです。それぞれの枠には，元素記号と原子番号が示されています。原子番号は陽子数 Z に他ならず，中性原子であれば電子数にも一致します。ところで，周期表はただ原子番号の順に元素を並べた表ではありません。どこで折り返すかは紙幅によって決まるのではなく，必ず He から Li に行くところ，Ne から Na に行くところ … で折り返さなくてはいけません[*7]。

表8.2 周期表

縦，横の並びはそれぞれ，族（group）および周期（period）と呼ばれる

H 1																	He 2
Li 3	Be 4											B 5	C 6	N 7	O 8	F 9	Ne 10
Na 11	Mg 12											Al 13	Si 14	P 15	S 16	Cl 17	Ar 18
K 19	Ca 20	Sc 21	Ti 22	V 23	Cr 24	Mn 25	Fe 26	Co 27	Ni 28	Cu 29	Zn 30	Ga 31	Ge 32	As 33	Se 34	Br 35	Kr 36
Rb 37	Sr 38	Y 39	Zr 40	Nb 41	Mo 42	Tc 43	Ru 44	Rh 45	Pd 46	Ag 47	Cd 48	In 49	Sn 50	Sb 51	Te 52	I 53	Xe 54
Cs 55	Ba 56	Lu 71	Hf 72	Ta 73	W 74	Re 75	Os 76	Ir 77	Pt 78	Au 79	Hg 80	Tl 81	Pb 82	Bi 83	Po 84	At 85	Rn 86
Fr 87	Ra 88	Lr 103	Rf 104	Db 105	Sg 106	Bh 107	Hs 108	Mt 109	Ds 110	Rg 111	Cn 112	Nh 113	Fl 114	Mc 115	Lv 116	Ts 117	Og 118

		La 57	Ce 58	Pr 59	Nd 60	Pm 61	Sm 62	Eu 63	Gd 64	Tb 65	Dy 66	Ho 67	Er 68	Tm 69	Yb 70		
		Ac 89	Th 90	Pa 91	U 92	Np 93	Pu 94	Am 95	Cm 96	Bk 97	Cf 98	Es 99	Fm 100	Md 101	No 102		

[*6] このことから $Z + N$ を質量数と呼びます。

[*7] 見にくくて申し訳ないとは思いながら表がこんなに小さくなってしまった理由です。

その理由は，元素の示す様々な性質は原子番号に対して周期的になることが知られていて，同様の性質を示す元素が縦方向に並ぶように周期表は作られているからです。こうしておくことで，周期表を眺めるだけで H_2O が存在するのだから H_2S も存在するだろうということが分かってしまうのです。本来ならば，ミクロの世界に適用されるべき量子力学に基づいて H_2O なら 10 電子系，H_2S なら 18 電子系の問題を解いて議論すべきことが即座に分かってしまう実に強力な表なのです。

8.2.2　元素の性質の原子番号に対する周期性

　元素の様々な性質が原子番号に対して周期的になることを，いくつかの例で確認してみましょう。最初の例は，原子半径（理論値，図 8.2）です。H から Kr まで，周期表でいう第 1 周期から第 4 周期までの値が示されています。これを見ると，確かに原子半径は原子番号の単調な関数ではなく，ある種の周期性を持っていることが分かります。

　周期表と対応させて言えば，各周期で最も大きな原子半径を持つのは原子番号の小さい元素であり，原子番号の増加とともに原子半径は減少

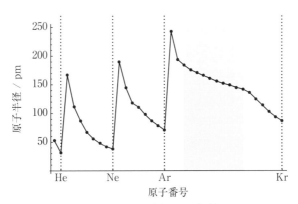

図 8.2　原子半径の周期性

しています。周期表の各周期に属する元素数がまちまちであるのは場当たり的にも思えるのですが、このような元素の性質を見ると、第1周期には2種類、第2,3周期には8種類、第4周期には18種類の元素を含めるのが実情に即していることに納得できるのではないでしょうか。

また、第4周期の網がけした部分（ScからZnの10元素）では原子半径の減少具合が緩やかになっており、第2,3周期と比べるとやや様子が異なっています。周期表でScからZnの上には元素が配置されていないのは、ScからZnまでの元素はそれまでの周期にはなかった新しいタイプの元素だからなのです。

原子半径だけでは説得力に欠けるでしょうから、原子のイオン化エネルギーと電子親和力が原子番号に対してどのようにふるまうかも見ておきましょう。イオン化エネルギーは"原子から1つ電子を剥ぎ取るのに必要なエネルギー"、電子親和力[*8]は"原子に1つ電子を付け加えた際に放出されるエネルギー"です。イオン化エネルギーが小さい元素は他の元素に電子を渡しやすく、電子親和力が大きい元素は他の元素から電子を受け取りやすいことになります。原子間での電子の授受は化学変化の源だとも言えるので、これらの傾向をおさえることは決定的に重要です。図8.3を見ると、凹凸は見られるものの、やはり両者とも周期内に見られるパターンが繰り返すようにして全体が構成されていることが分かります。イオン化エネルギーについて詳しくみると、周期内で最も小さなイオン化エネルギーを持つのは、各周期の先頭、すなわち**1族**[*9]の元素（H, Li, Na, K）です。特にイオン化エネルギーの小さい第2周期以降の1族元素（**アルカリ金属**）は、いずれも激しい反応性を示すことが知られています。一方で、同一周期内で最大のイオン化エネルギーを持つ18族元素（**貴ガス**）は、アルカリ金属とは対照的に化学的に不活性で

[*8] "力"となっていますが、エネルギーの次元を持つ量です。英語ではelectron affinity、電子との親和性という意味でそのような混乱はありません。

[*9] 周期表の縦の並びを族（group）と呼びます。周期表は18の族から構成されていて、それぞれの族は左から1族、2族、3族、…と呼ばれます。

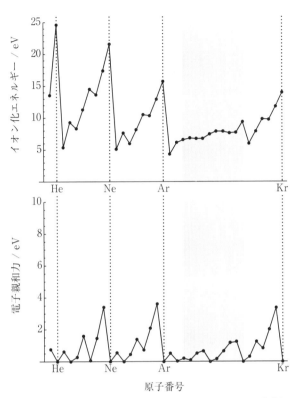

図8.3　イオン化エネルギーと電子親和力の周期性

す。元素の化学的性質が確かに電子の与えやすさと関係していることが
推察できるかと思います。電子親和力についても周期の後半で値が大き
くなる傾向が見て取れますが，最大値を与えるのは貴ガスではなく，17
族元素（**ハロゲン**）です。このようにして見ると，貴ガス元素は，電子
を与えにくく貰いにくいという特別な安定性を持っています。この貴ガ
ス原子の特別な安定性の背景には**閉殻**と呼ばれる特別な**電子構造**があ
り，化学変化の際に元素に生じる荷電状態の変化を論じる際の道しるべ

になります。

《原子の電子構造とは》

　原子はその中心に局在した原子核と，その周囲に存在する複数の電子から成り立っています。電子がそれぞれどのようなエネルギーでどのような空間分布を持っているか，これが原子の電子構造という言葉が指し示す内容です。量子力学によれば，電子のような軽い粒子は波動性を持っていて，原子核の近くに閉じ込められた定在波のいずれかを状態（軌道）として取ることが知られています。そして，同一の軌道に入るのは電子２つまでという制約の下で電子構造を形成します。

　このようにして量子力学に基づいて求めた原子の電子構造によって，これまで見てきた周期表の“構造”は説明されますが，理論の詳細は本格的に化学を学ぶ際にとっておいて，以下では，経験的に得られた周期表がいかに便利なものかを見ていくことにしましょう。

8.3　周期表からみた無機化合物

8.3.1　食塩のなりたち

　前節で見た元素の性質をもとに，食塩のなりたちを考えてみましょう。食塩は塩化ナトリウムで化学式は NaCl です。アルカリ金属（第２周期以降の１族元素）の Na とハロゲン（17 族元素）の Cl が出会うと何が起こるでしょうか。第２周期以降の１族元素は電子を与えやすく，17族元素は電子を貰いやすいということだったので，両者が出会うと１つ電子が Na から Cl へ移動して Na^+Cl^- となり，静電引力によって強い結合を作ることが期待できます。このような電子の授受によって生じた正負のイオン間の静電引力による結合を**イオン結合**と言います。

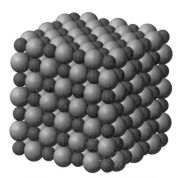

図8.4　NaClの結晶構造

　理想的な食塩の結晶では，それぞれのイオン（小さい方がNa^+，大きい方がCl^-）が図8.4のような配置を取って安定な3次元構造を形成します。食塩の結晶はうまく作ってやると立方体状になりますが，これは微視的な結晶構造を反映しているのです[10]。一般に，アルカリ金属（Li, Na, K, Rb, Cs）とハロゲン（F, Cl, Br, I）の組み合わせからなる化合物は，すべて同様の1:1組成のイオン結晶を生じる[11]ことが知られています。いずれも常温では無色の固体で高い融点を持つという点で，物性にも共通性が見られます。

8.3.2　閉殻電子構造となるイオン

　Na^+Cl^-が生じる過程で大事なのは，1族のNaが1つ電子を失って生じるNa^+の電子数は，原子番号が1つ小さいNeと同じ，そして17族のClが1つ電子を得て生じるCl^-の電子数は，原子数が1つ大きいArと同じということです。いずれもイオンになることで18族元素の貴ガスと同じ電子数になっています。図8.3に示されていたのは，電子1つの与えやすさ，貰いやすさですが，貴ガス元素が**閉殻**と呼ばれる安定な

---

[10] 雪の結晶の話も同様に考えることができます。詳しくは小林禎作『雪の結晶はなぜ六角形なのか』（ちくま学芸文庫）を参照。

[11] なお，CsCl, CsBr, CsIは図8.4とは異なるCsCl型の結晶構造を取りますが，1:1組成のイオン結晶であることは共通しています。

電子構造を持っていたことを思い出すと，2族元素は2つ電子を失い，16族元素は2つ電子を得て閉殻となることで安定化すると考えてみてもよさそうです。

　例えば Mg は Mg^{2+} に，O は O^{2-} になることで，両者ともに Ne と同じ電子数となり，その結果として 1:1 組成のイオン結晶を形成してもいいのではないかということです。実際，そのような化合物である酸化マグネシウム MgO は安定な物質として存在しています。同様に2族元素（Be, Mg, Ca, Sr, Ba）と16族元素（O, S, Se, Te）からなる 1:1 組成のイオン結晶はすべて存在していますから，このような一般化したルールは物質世界をうまく整理するのに役立ちそうです。同様に考えれば，13族（B, Al, Ga, In, Tl）と15族（N, P, As, Sb, Bi）の元素が 1:1 組成のイオン結晶を作ることも説明できます。あまり馴染みがある物質には思えないかもしれませんが，**発光ダイオード**（Light Emitting Diode, LED）の多くは，この13族と15族の組み合わせでできる物質です。特に馴染みがあるのは，青色 LED の材料として用いられる窒化ガリウム GaN でしょうか。青色 LED と黄色の蛍光材によって白く光る白色 LED を照明に用いている人も多いことでしょう。

　また，異なる価数のイオンの組み合わせについても，全体として中性になるよう組成を調節すれば，同じような議論が可能です。Na^+ と O^{2-} に対しては，Na_2O という組成を考えれば全体として中性にできますが，これは酸化ナトリウムの実際の組成に一致します。同様に，Al^{3+} と O^{2-} からは酸化アルミニウム Al_2O_3 が生じます。Al_2O_3 の結晶は自然界でも無色透明の鉱物として見つかることがあり，**コランダム**と呼ばれます。コランダム中の Al^{3+} が一部 Cr^{3+} に置き換わったものがルビー，同様に 2つの Al^{3+} が Fe^{2+} と Ti^{4+} に置き換わったものがサファイアです[*12]。また，3種類以上の元素を含む化合物を考えることもできます。Ca, Ti,

---

[*12] 遷移元素（transition element）と呼ばれる3族から12族の元素は，図8.3から正イオンになりやすいことが分かりますが，複数の安定な価数を取ることが知られていて，価数についての簡単なルールはありません。

O からなる化合物を考えようとすれば，それぞれの安定なイオンが Ca^{2+}, Ti^{4+}, O^{2-} であることから $CaTiO_3$ の組成で中性になりますが，これは**ペロブスカイト**（灰チタン石）[*13]として知られる鉱物です。

　安定なイオンの組み合わせを考えていくだけでも，膨大な数の化合物が生じうることが分かります。原子論の面目躍如というところでしょうか。なお，以上見てきたような，鉱物にしばしば見られるイオン性の化合物は，**無機化合物**と呼ばれます。

8.4　周期表からみた有機化合物

8.4.1　生命に関係する物質とその特徴

　これまで議論してきた大地を形作るような強固な物質であるイオン性の無機化合物に対して，C, H, O, N, P, S を主な構成元素とする，より**繊細**な物質群が知られています。そのような物質の多くは生命現象に関係することから，生命現象の有機体論に由来して**有機化合物**[*14]と呼ばれています。本節では，生命現象を支えるほど著しい有機化合物の多様性について，やはり周期表をガイドラインにして見ていきます。

　簡単な有機化合物の例として，メタン CH_4 やエタン C_2H_6 がどのように生じうるかを考えてみましょう。前節の「閉殻で安定な正負イオン間の静電引力で安定化する」というアイディアを適用したらどうでしょうか。C は 14 族，H は 1 族なので，C^{4-}, H^+ を考えて，中性となる組成を考えれば CH_4 となり，一見よさそうです。しかし，同じようにエタン C_2H_6 を考えてみようにも，同じ安定イオンのペアを考えている限り，うまくいきようがありません。

　実は，一見うまくいったように見えた CH_4 についても，メタンの性質

[*13] 近年ペロブスカイト型構造を持つ $CH_3NH_3PbI_3$ のような物質が太陽電池などの材料として注目を浴びていますが，構成イオンは $CH_3NH_3^+$, Pb^{2+}, I^- であり，本来のペロブスカイトとは異なる価数をとっています。

[*14] 当初，生物のみが作ると考えられていましたが，無機化合物からの人工合成が行われて以来，有機化合物という言葉が指す内容は炭素化合物と同様になっています。

を考えるとイオンが集まってできていると考えるのは正しくありません。典型的なイオン性の無機化合物である NaCl は Na$^+$, Cl$^-$ のようなイオンとして水に溶けるため，水溶液には電流が流れますが，CH$_4$ はあくまでも CH$_4$ として水に溶けるため，水溶液には電流が流れません。図8.3に立ち返ってみると，C と H のイオン化エネルギーは同程度ですから，H が電子を C に渡して C^{4-}, H$^+$ となるはずがありません。有機化合物を構成するそのほかの主要元素 O, N, P, S についてもこの事情は共通で，有機化合物の中で各原子はイオンにはなっていないとみるべきです。そして，このような違いこそが有機化合物と無機化合物の大きな物性の違いに繋がっているのです。

8.4.2　原子価

　有機化合物のなりたちを整理するのに便利な概念に原子価があります。これは元素ごとに他の元素と結合する手の本数が決まっているという考え方で，様々な有機化合物の組成が明らかになった19世紀後半にそれらの組成を矛盾なく整理できるものとして経験的に見つかったものです。

　例えば C, H からなるもっとも簡単で安定な化合物はさきほどのメタン CH$_4$ ですが，H の原子価が1であるとすると，C の原子価は4だということになります。これらの原子価を用いると，先ほどイオンの考え方では説明ができなかったエタン C$_2$H$_6$ も，

$$
\begin{array}{ccc}
 & \text{H} & \text{H} \\
 & | & | \\
\text{H} - & \text{C} - \text{C} & - \text{H} \\
 & | & | \\
 & \text{H} & \text{H}
\end{array}
$$

という "構造" を考えれば，すべての原子がそれぞれの原子価を満たすことが分かります。また，炭素数が2の炭化水素にはエタン以外にもエ

チレン C_2H_4，アセチレン C_2H_2 という分子が知られていますが，原子間の多重結合を許せば，

$$
\begin{array}{c}
\text{H} \qquad \text{H} \\
\diagdown \qquad \diagup \\
\text{C} = \text{C}\,, \qquad \text{H}-\text{C}\equiv\text{C}-\text{H} \\
\diagup \qquad \diagdown \\
\text{H} \qquad \text{H}
\end{array}
$$

のように，やはりすべての構成原子がそれぞれの原子価を満たすことが分かります。歴史を紐解くと，このような構造式を描くことで化学者の頭に分子の立体構造への興味が生まれ，3次元的な構造をもつ実体としての分子へのアプローチが急速に進んでいきました。

8.4.3　原子価と周期表

　経験的に決められた原子価ですが，現在もなお現役で使われる概念です。それは，この概念が周期表の裏付けを持った強固なものだったからです。C の電子から He と等電子的で安定と思われる2電子を除くと，C が結合に使える**価電子**は4つです。結合相手の H の価電子が1であることを考えると，CH_4 内の C-H 結合は，

$$
\begin{array}{ccc}
\text{H} & & \text{H} \\
| & & \text{..} \\
\text{H}-\text{C}-\text{H} & \Longleftrightarrow & \text{H}:\text{C}:\text{H} \\
| & & \text{..} \\
\text{H} & & \text{H}
\end{array}
$$

のように価電子対と対応づけることができます。このようにしてできる結合を**共有結合**といい，共有電子対は両原子に共有されているために正負のイオン対にはならず，メタンの性質とも合致します。また，電子対が両原子に共有されていると考えて，それぞれの原子について電子数を数えると，C は Ne と等電子的，H は He と等電子的となり，貴ガス元素の安定な電子構造との対応も見えてきます。また，N, O, F の**価電子**が

$$
\cdot\ddot{\text{N}}\cdot \qquad \cdot\ddot{\ddot{\text{O}}}\cdot \qquad \cdot\ddot{\ddot{\text{F}}}:
$$

となっていることを考えると，まったく同じ理屈でこれらの元素が NH_3, H_2O, HF を生じることが理解できるはずです[*15]。

　最後にもう少し大きな分子をお見せしましょう。これはインフルエンザ治療薬として利用されるオセルタミビル $C_{16}H_{28}N_2O_4$（商品名タミフル）という分子です。自然界には存在せず，理論的な設計のもとに合成されて，インフルエンザを必要以上に恐れなくてすむようにしてくれた分子です。やや複雑な構造をしていますが，図中のすべての原子は原子価のルールを満たしています。原子価というのはそれだけ一般性のあるルールであり，その背景には周期表が控えているのです。化学者は常に手元に周期表を置いていますが，これは有機化合物，無機化合物の違いを超えて，物質世界を見通す一貫した視座を与えてくれるからなのです。

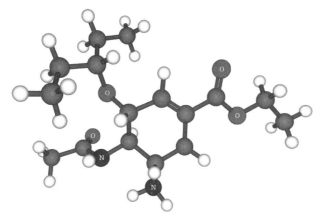

図 8.5　オセルタミビルの 3 次元構造

参考文献

□安池智一，鈴木啓介『初歩からの化学』放送大学教育振興会（2018 年）
□ I. アシモフ（著），玉虫文一，竹内敬人（訳）『化学の歴史』ちくま学芸文庫，筑摩書房（2010 年）

[*15] 通常これらの分子は有機化合物とは言われませんが，非イオン性の分子ということで，有機化合物と同じ理屈で安定化を説明することができます。

9 | 物質の科学（2）化学

安池智一

《**目標＆ポイント**》平均結合エネルギーの観点から，物質が持つ化学エネルギーについての感覚をつかむ。自然界のエネルギー循環について理解を深め，物質科学の立場からエネルギー問題の解決に向けた視座を獲得する。
《**キーワード**》化学エネルギー，平均結合エネルギー，酸化還元反応，燃料電池，人工光合成

....

9.1 物質とエネルギー

9.1.1 エネルギー

　周期的に振動する振り子の運動を例にとり，エネルギーについて考えてみましょう。ひとまず摩擦は無視します。図9.1のように最初に手を離す角度 θ を $\theta = \theta_0$ として，$\theta = 0$ との振り子の高さの差を h とします。

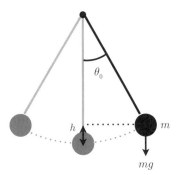

図9.1　重力振り子

振り子の速さを v とすると，$\theta=\pm\theta_0$ で $v=0$，$\theta=0$ で v は最大値になることは経験的にご存知でしょう。これに対応して，振り子の運動エネルギー $\frac{1}{2}mv^2$ は $\theta=\pm\theta_0$ で 0，$\theta=0$ で最大となります。一方で，重力による位置エネルギーは mg に高さを掛けた値なので，$\theta=0$ での値を基準に取ると，$\theta=\pm\theta_0$ で mgh，$\theta=0$ で 0 になります。摩擦のない理想的な振り子について，運動エネルギーと位置エネルギーの和である**力学的エネルギー**は常に保存します。摩擦のある実際の場合には，振り子の振動はしばらくすると止まってエネルギーは失われるように見えますが，J. P. Joule（1818～1889 年）が見出した**熱とエネルギーの等価性**を考慮すると，摩擦で生じた熱まで含めたエネルギーはやはり保存することが知られています（**熱力学第一法則**）。複数の現象がエネルギーという概念を共有しているということは，エネルギーを通じてそれらの現象が結びつくことを意味します。このような見方に立つことで，光合成は，太陽の光エネルギーから化学エネルギーへのエネルギー変換，我々が炭水化物を食べて運動をするのは，化学エネルギーから力学的エネルギーへのエネルギー変換と捉えることができるようになります。

9.1.2　化学エネルギーとは何か

　化学エネルギーとはなんでしょうか。元素の組合せの多様性によって物質の多様性を説明する原子論によれば，物質変化とは系に含まれる原子の種類と総数は不変で，それらの間の繋がり方が変わることでした。ここで注意したいのは，結合の種類ごとにその強さ，すなわち結合を切るのに必要なエネルギーが異なっているということです。これにより，物質変化の前後で系のエネルギーが変化します。具体的に水素の燃焼反応

$$2H_2 + O_2 \longrightarrow 2H_2O \tag{9.1}$$

について考えてみると，

$$
\begin{array}{c}
H \\
| \\
H
\end{array}
\ + \
O{=}O \ + \
\begin{array}{c}
H \\
\vdots \\
H
\end{array}
\ \longrightarrow \
\begin{array}{c}
H \quad\quad\quad H \\
\diagdown \quad\quad\quad \diagdown \\
O \ + \ O \\
\diagup \quad\quad\quad \diagup \\
H \quad\quad\quad H
\end{array}
$$

のような結合の組み替えが起きていると考えられます。ここで表 9.1 に
与えられた H-H, O=O, O-H の平均結合エネルギーの値を用いると，式
(9.1) の反応に伴うエネルギー変化の概算が可能です。ここでは 2 mol
の H_2 と 1 mol の O_2 が反応して 2 mol の H_2O ができる[*1]際のエネル
ギー変化を考えることにしましょう。

表 9.1　平均結合エネルギー（kJ/mol）

H-H	436	O=O	498	O-H	463
C-H	414	C=O	804	C-C	346

　結合エネルギーというのは結合を切るのに必要なエネルギーのことで
すが，裏を返すと，結合形成によって系にもたらされる安定化のエネル
ギーにも対応しています。そのように考えると，分子がすべてバラバラ
の原子となった状態を基準として，式 (9.1) の反応前のエネルギー
H_{before} と反応後のエネルギー H_{after} は

$$H_{before} = -436 \text{ kJ/mol} \times 2 \text{ mol} - 498 \text{ kJ/mol} \times 1 \text{ mol} = -1370 \text{ kJ}$$
$$H_{after} = -463 \text{ kJ/mol} \times 4 \text{ mol} \qquad\qquad\quad = -1852 \text{ kJ}$$

のように計算することができます（図 9.2）。したがって，反応に伴うエ
ネルギー変化 ΔH は

$$\Delta H = H_{after} - H_{before} = -482 \text{ kJ}$$

[*1]　式 (9.1) が示しているのは，存在比なのでエネルギーを計算するときには何個の分子
　　を考えるかを決める必要があります。

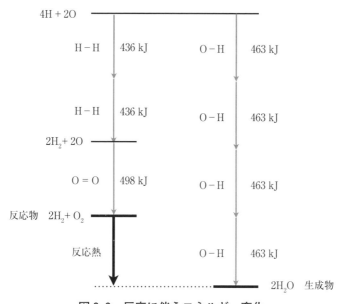

図 9.2　反応に伴うエネルギー変化

です。反応前を基準にしているので，負の値は反応によって系がより安
定になったということを意味しています。つまり，式（9.1）の反応に
よって物質のエネルギーは減少する訳ですが，このとき熱力学第一法則
（熱を含めたエネルギー保存則）を考えると[*2]，余ったエネルギーは熱
として物質の外へ放出されます。

　以上のことから，物質はその存在形態ごとに異なる固有のエネルギー
を持つことが分かりましたが，このようなエネルギーを**化学エネルギー**
と呼んでいます。化学エネルギーの観点に立つと，式（9.1）の反応は
「H_2 は高い化学エネルギーを持つ物質で，O_2 と反応することでその一部
を熱として放出し，より低い化学エネルギーを持つ H_2O になった」と表
現することができます。

[*2] 物質変化の様子を正しく捉える際に注目すべきなのが，全系に含まれる原子にしろエ
ネルギーにしろ，変化の前後で**不変なモノ・量**というのは逆説的に聞こえるかもしれ
ませんが，しばしば有用になる視点です。

　ところで，水素 2 mol から水が 2 mol（36 g）生成するときに発生する熱は 482 kJ ということでしたが，これは約 50 トンの物体を 1 m 持ち上げるほどのエネルギー[*3]に相当します。50 トンと言えば新幹線の車両 1 両に相当する質量です。物質の化学的な変化を通じて取り出すことのできるエネルギーはなかなか大きいと言えるのではないでしょうか。

9.1.3　自発変化の方向とギブズエネルギー

　外部への熱の放出を伴うような発熱反応は，反応によって物質のエネルギーが下がって安定化することを意味するので，そのような反応は自発的に起こると期待されます。なお，一定圧力下の反応熱と対応づけられるエネルギーを**エンタルピー**と呼びます。これまで議論に用いてきた H は，このエンタルピーの意味でのエネルギーです。

　全ての自発的に起こる反応が発熱反応であれば，エンタルピー変化によって自発的変化が起こるかどうかが判定できて便利なのですが，実際には，自発的に起こる吸熱反応の存在が知られています。身近な例は，食塩の水への溶解です。食塩は Na^+ と Cl^- がイオン結合で強固に結びついた固体です。それぞれのイオンは極性をもつ H_2O 分子に囲まれてそれなりに安定化しますが，固体状態に比べるとやはりエンタルピーの観点からは全体として不安定化します。

　このとき，溶解の駆動力となるのは，イオンが水に溶けることによる**エントロピー** S の増大です。瓶の中に封入された気体が，どこか特定の場所に固まることなく一様に広がる傾向を定量的に特徴付けるのがこのエントロピーで，有限温度においてエントロピーは増大する傾向があります[*4]。イオンは水に溶けることで，その存在可能な領域の体積が固体に比べて格段に増大しますが，これは瓶の中に一様に広がった気体と同様にエントロピーが大きな状態に対応します。

[*3]　1 kg の物体を 1 m 持ち上げるのに必要なエネルギーは 9.8 J。
[*4]　エントロピーをミクロの状態数と対応づける考え方については 10.2.3 節で触れられています。

　自発的変化が起こるかどうかを考えるには，エンタルピー変化 ΔH だけでなく，エントロピー変化 ΔS も合わせて考慮する必要があり，具体的には**ギブズエネルギー** $G = H - TS$ の変化 ΔG が指標となります。そして，反応が自発的に起こる条件は，

$$\Delta G = \Delta H - T\Delta S < 0 \tag{9.2}$$

で与えられます。エンタルピー変化 ΔH とエントロピー変化 ΔS の正負の組み合わせから，定圧条件での反応がどのような温度で自発的に起こり得るかをまとめたのが表 9.2 です。このような考察をすることで，望ましい反応が起こりうる条件を実験前に見極めることができるようになります。

表 9.2　温度による反応の自発性（定圧条件下）

ΔH	ΔS	反応の自発性	例
負	正	つねに自発的	$2NO_2(g) \longrightarrow N_2(g) + 2O_2(g)$
負	負	低温で自発的	$N_2(g) + 3H_2(g) \longrightarrow 2NH_3(g)$
正	負	起こらない	$3O_2(g) \longrightarrow 2O_3(g)$
正	正	高温で自発的	$2HgO(s) \longrightarrow 2Hg(l) + O_2(g)$

9.2　化学エネルギーの取り出し方

9.2.1　酸化反応

　前節で議論した反応は水素が酸素と結合する**酸化反応**です。酸化反応は代表的な化学反応の一つで，人類が古来利用してきた**燃焼**の探究から見出されました。現在でも化学エネルギーを取り出すために利用されるのは酸化反応です。

　都市ガスをお使いの方は主にメタン CH_4，LP ガスをお使いの方は主にプロパン C_3H_8 の酸化反応を普段からキッチンなどで目にしているは

ずです。メタンの燃焼の際に起こる結合の組み替えが分かるように反応
式を描いてみると，

$$
\underset{\underset{H}{|}}{\overset{\overset{H}{|}}{H-C-H}} + O=O + O=O \longrightarrow O=C=O + \underset{H}{\overset{H}{O}} + \underset{H}{\overset{H}{O}}
$$

のようになります。メタン 1 mol の燃焼に伴うエネルギー変化は，先ほ
どと同様に表 9.1 の平均結合エネルギーの値を使って

$$
\Delta H = -3460 - (-2652) = -808 \text{ kJ}
$$

のように概算できます。1 mol あたりで比べると水素よりも多量の熱が
得られることが分かります。プロパン 1 mol の燃焼では，さらに多量の
熱を得ることができます。

　現代社会においては，煮炊きや暖房のような燃焼熱の直接的な利用以
外に，熱機関を駆動するためにも多量の熱が使われています。熱機関と
いうのは熱を力学的エネルギーに変える装置で，発電所のタービンや自
動車のエンジンが代表例です。熱機関の発明を端緒として起こった産業
革命の結果，我々の生活は大幅に豊かになりましたが，近年問題となっ
ているのが，力学的エネルギーに変換されなかった熱および CO_2 の排
出です。このため，熱機関の高効率化が推し進められてきましたが，熱
機関の効率には原理的な限界があり，さらなる大幅な向上は難しいと考
えられています。

9.2.2　クールなエネルギーの取り出し方

　酸化反応に伴う化学エネルギー変化を取り出して利用するための，よ
りクールなやり方を紹介しましょう。これは例えば水素の酸化反応を次
の 2 つの電子移動を伴う反応に分解する見方に基づく方法です。

$$2H_2 \longrightarrow 4H^+ + 4e^- \tag{9.3}$$
$$O_2 + 4H^+ + 4e^- \longrightarrow 2H_2O \tag{9.4}$$

式 (9.3) は H_2 が電子を放出する反応，式 (9.4) は O_2 が電子を貰う反応です。これら2つの反応式を足し算してみると，元々考えていた水素の酸化反応

$$2H_2 + O_2 \longrightarrow 2H_2O$$

になることは明らかでしょう。これらが意味することは，H_2 の立場に立ってみると，

酸化されるということ ＝ 電子を他の化学種に与えること

に他ならないということです。また，逆反応 (**還元反応**) において H^+ は電子を貰っています。つまりこれは

還元されるということ ＝ 電子を他の化学種から貰うこと

ということを意味します。H_2 の酸化反応において O_2 は，自身が還元されることで H_2 を酸化しています。酸化と還元はペアで起こり，酸化される側から還元される側へ電子が流れます。

　ところで，H_2 に火を点けて反応を起こすとき，式 (9.3) と式 (9.4) の2つの反応は同じ場所で瞬時に起こるので，結果としては電子移動が起こったとみることができるとしても，抽象的な意味しか持ちません。ところが，図9.3のような装置を作ってやると，2つの反応を別々の場所で起こすことで物質間の電子移動を実体として外部系に取り出すことができます。この装置では式 (9.3) と式 (9.4) の2つの反応は H_2 のみ，もしくは O_2 のみと触れている電極 (それぞれアノードおよびカ

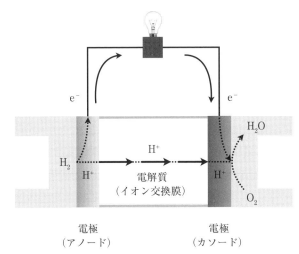

図 9.3　酸化反応から電流を取り出す

ソード）で別々に進行するようになっています。そしてこれらの電極は，電子の通り道となる導線とイオンの通り道となる電解質層で接続されています。このような工夫により，アノードで H_2 から取り出された e^- と H^+ はそれぞれ導線と電解質層を伝ってカソードに流れ，カソード上で O_2 と反応して H_2O を生じます。

　このとき重要なのは，化学エネルギーのうちの ΔG に相当するエネルギーを電流として取り出せる，すなわち電気エネルギーへと変換できるということです[*5]。電気エネルギーから力学的エネルギーへの変換効率は，熱機関よりも大幅に高くできるため，図 9.3 のような装置の研究が広く進められています。

　すでにお気づきの方もいらっしゃると思いますが，この化学エネルギーを電気エネルギーへ変換する装置はいわゆる**電池**です。とくに燃焼反応から電流を取り出すこのような電池は，一般に**燃料電池**と呼ばれて

[*5] この装置の効率は $\Delta G/\Delta H$ で表されますが，このことと

$$\Delta H = \Delta G + T\Delta S$$

の関係を考え合わせると，低い温度 T で反応を起こすことで高効率に電気エネルギーへの変換が可能であることが分かります。

います。最近では燃料電池で動く自動車が市販されるようになっている
のをご存知のことでしょう。H_2 を燃料とする燃料電池は CO_2 の排出も
なく，最も環境に優しい化学エネルギーの利用法だと言うことができま
す。

9.3 自然界のエネルギー循環に学ぶ

9.3.1 自然界の高エネルギー物質

エネルギー問題全体の観点に立つと，効率的な利用も大事ですが，そ
もそも高いエネルギーを持つ物質である燃料をいかに確保するかという
点も重要です。従来使われてきた燃料がどのような物質であるかをおさ
らいしてみましょう。

人類が古来利用してきたもっとも容易に入手可能な燃料は薪などの木
材だと言えます。木材の主成分は**セルロース**です。セルロースというの
は図 9.4 にあるような，多くの**グルコース**（ブドウ糖）が水が抜けなが
ら 1 次元的に連なった高分子で，植物細胞の細胞壁や植物繊維を構成す
る地球上にもっとも多く存在する炭水化物[*6]です。

セルロースの組成式は $[C_6H_{10}O_5]_n$ なので，完全燃焼させたときの生
成物はやはり CO_2 と H_2O です。薪の質量あたりの燃焼熱は炭化水素に

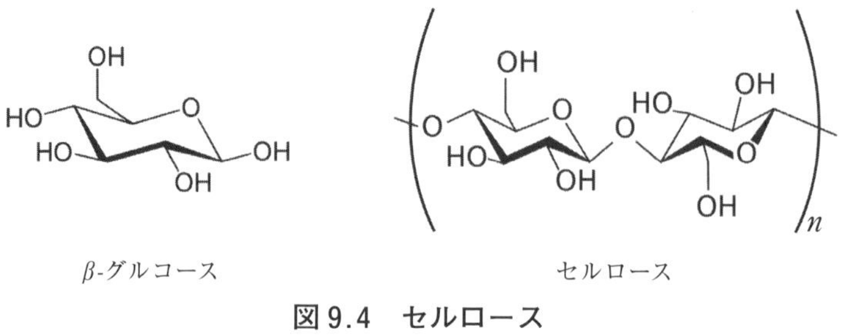

β-グルコース　　　　　　セルロース

図 9.4　セルロース

[*6] 炭水化物というのは炭素と水が化合した物質という意味です。セルロースの組成式は
$[C_6H_{10}O_5]_n$ と書くことができますが，これは $[C_6(H_2O)_5]_n$ と等価で炭素 6 つあたり水
が 5 つ結合した化合物ということになります。

比べると劣りますが，これは C, H のみからなる炭化水素の酸化による安定化の由来が C–C や C–H に比べて O–H や C=O の結合エネルギーが大きいことにあることを考えると，セルロースは最初から O を含んでいるためだと納得できるでしょう。この観点に立つと，空気を遮断して薪を強熱することで得られる**木炭**の質量あたりの燃焼熱が大きくなることも，$H_2O, CO, CO_2, H_2, CH_4$ が揮発することで炭素化し，H, O の比率が下がったことにその理由を求めることができます。

　工業化以降広く使われているのはいわゆる**化石燃料**です。**石炭**は枯死した植物，**石油**および**天然ガス**は植物プランクトンの堆積物が起源と考えられており，基本的にはやはり空気が遮断された条件で地圧や地熱の影響を受けて炭素化したものだと考えられています。こうしてみると，我々が利用してきた燃料はいずれも炭化水素を基本とする物質群で，その起源はすべて植物が作ったグルコースにあるということになります。また，植物が偉大であるのは，燃料だけに限ったことではありません。我々自身のエネルギー源もやはりグルコースであり，セルロースとは少し違う形のグルコースからなる高分子のデンプン（アミロース）です[7]（図9.5）。

　糖分やデンプンなどの炭水化物を摂取することを「カロリーを摂取す

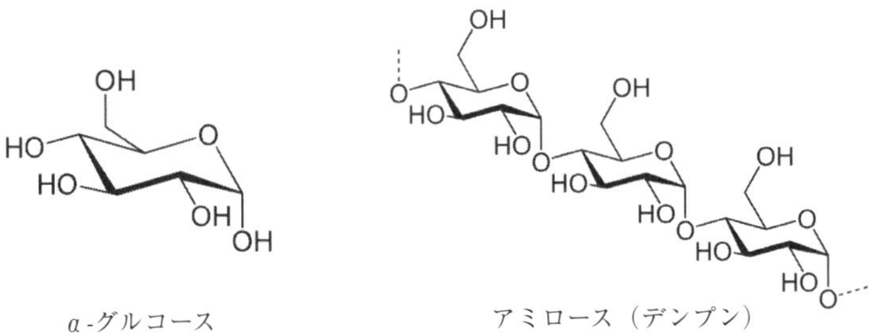

α-グルコース　　　　　　アミロース（デンプン）

図9.5　アミロース

---

[7]　グルコースには OH のつき方の違う α, β-グルコースがあり，水中では 1:1 の混合物です。α-グルコースが連なったものがアミロース，β-グルコースが連なったものがセルロースです。

る」と表現することがありますが，これは我々が高エネルギー物質の炭水化物からエネルギーを得ていることを意味しているのです。なお，我々の体内でも，電子の流れに基づくクールなやり方でエネルギーを取り出して効率的に利用しています。

9.3.2 光合成

前節で詳しく見たように，植物は自然界における化学エネルギーの製造を一手に担っているような存在です。植物が外部からエネルギーを得て，それを物質に溜め込んでいく一連のプロセスは**光合成**と呼ばれています。名称が示す通り，太陽の光エネルギーを取り込んで，安定な炭素と水素の酸化物である CO_2, H_2O からグルコース $C_6H_{12}O_6$ を合成する一連の生化学プロセスです。反応式で書けば

$$6CO_2 + 6H_2O \longrightarrow C_6H_{12}O_6 + 6O_2$$

となりますが，これは自発的に起こるグルコースの燃焼のちょうど逆の反応なので，決して自然に起こることはありません。この反応は，植物の持つ葉緑体において**光化学反応**と**カルビン回路**と呼ばれる 2 つの反応系の組み合わせによって達成されています（図 9.6）。今回の文脈で注目したいのは，本来自発的に起こり得ない反応を光によって起こしている光化学反応です。ここでは光に

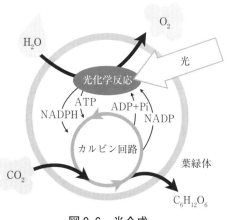

図 9.6 光合成

よって H_2O を O_2 へ変換し，カルビン回路からもらった $NADP^+$ と $ADP + Pi$ を $NADPH$ と ATP の形で返しています。光化学反応で起こる酸化還元反応と電子移動の様子を模式的に示したのが図 9.7 です。図の左下と右上に

$$2H_2O \longrightarrow O_2 + 4H^+ + 4e^- \qquad (9.5)$$
$$2NADP^+ + 2H^+ + 4e^- \longrightarrow 2NADPH \qquad (9.6)$$

が書いてあります。縦軸は電子のエネルギーに対応し，電子の自発的な流れは図の上から下の方向です。つまり，上記の 2 つの反応が自発的に起こる向きは，本来

$$2H_2O \longleftarrow O_2 + 4H^+ + 4e^-$$
$$2NADP^+ + 2H^+ + 4e^- \longleftarrow 2NADPH$$

であるべきなのです。しかし光化学反応で実際に起こるのは，図に示されたように H_2O から引き抜いた電子をさらにエネルギーの高いところへ汲み上げることで起こる逆方向の電子移動です。この電子を汲み上げる役割を果たすのが光です。光が電磁波であることはどこかで聞いたことがあるでしょう。このことは，光が振動する電場成分を持っているこ

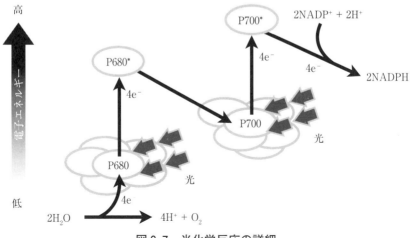

図 9.7　光化学反応の詳細

とを意味しますが，電子は荷電粒子なのでこの振動電場によって揺さぶられます。つまり，光のエネルギーを受け取ることができるのです。

このようにして汲み上げられた電子のエネルギーは**電子伝達鎖**を通る間に徐々に下がりますが，この過程で放出されたエネルギーは生体内で普遍的に用いられる高エネルギー物質の ATP の合成に使われます。そして電子は再び光によってより高いエネルギーに持ち上げられ，NADPH の合成を行います。植物はこのようにして光エネルギーから化学エネルギーへの変換を実現し，我々はその恩恵を受けているのです。

9.3.3 人工光合成に向けて

我々が直面しているエネルギー問題は，省エネルギーや効率的なエネルギーの利用だけでは克服できないほど深刻になってきています。また，炭化水素からエネルギーを取り出した際に発生する CO_2 は温室効果ガスとしてその削減も同時に求められています。この大きな問題を解決するために期待されている技術が**人工光合成**です。

そのプロトタイプとして知られるのが 1972 年に Nature 誌に掲載されて話題となった**本多・藤嶋効果**です（図 9.8）。これは TiO_2 電極が紫外線を吸収することで H_2O から電子を引き抜いて O_2 を発生させ，生じ

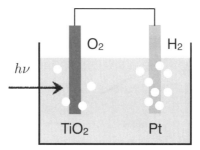

図 9.8　TiO_2 電極を用いた H_2O の光電解

た電子を使って Pt 電極上で水中の H^+ から H_2 を発生することができるというものです。

$$2H_2O \longrightarrow O_2 + 4H^+ + 4e^- \tag{9.7}$$

$$4H^+ + 4e^- \longrightarrow 2H_2 \tag{9.8}$$

光合成における光化学反応と同様のことが起こっていることがお分かりでしょう。ただし，発生できるエネルギー密度は必ずしも高くなく，必ずしもエネルギー問題の解決には至っていません。そうではありますが，H_2 の燃料電池と組み合わせて考えると，CO_2 の発生を伴わないエネルギーシステムとしてかなり魅力的であることが分かるでしょう。

9.4　化学のチカラと役割

　今回紹介したのは化学における基本的な物事の考え方が中心でしたが，最後の例にも示したように，化学には物質の関与する現象において根本的な問題解決を可能にするポテンシャルがあります。産業革命の際の人口爆発にあたっては，土壌の窒素不足による農作物の生育不振を空中窒素固定の実現によって克服しました。かつて何度も現れたさまざまな感染症の恐怖には，特定のウイルスの働きを抑制する薬分子の開発によって対処を容易にしてきました。いま我々が直面するエネルギーや環境の問題，そしてコロナウイルスへの対処においても，物質のふるまいを正しく理解した上で，必要な分子を合成し，分子システムを構築するという化学の方法論が果たしうる役割は小さくないと考えられます。

参考文献

□安池智一，鈴木啓介『初歩からの化学』放送大学教育振興会（2018 年）
□光化学協会（編），井上晴夫（監修）『人工光合成とは何か』講談社ブルーバックス，講談社（2016 年）

10 | 物質の科学（3）物理学の視点

岸根順一郎

《**目標＆ポイント**》物理学は物質世界の基本法則を探究する分野です。物理学はどのような特徴をもち、どのような現象を対象にするのでしょうか。自然を物理的に読み解くためのキーワードは何でしょうか。

《**キーワード**》力，エネルギー，エントロピー，場，時空，量子

10.1　物質世界を物理的に読み解く

前章まで，宇宙から生命を経て物質世界へと自然界の階層をマクロからミクロに向けて降りてきました。第8章，第9章では，あらゆる物質が原子でできていること，そして原子の離合集散が物質世界の多様性を生み出すことを見ました。本章と次章では，物理学の視点で物質世界を捉える見方を示します。物理学は，運動の基本法則である運動方程式をはじめ，いくつかの基本法則に基づいて自然現象を読み解く学問です。基本法則がうまく適用できる限り，超ミクロな素粒子世界から超マクロの宇宙の構造までが物理学の守備範囲になります。物理学は基本法則には縛られますが，対象は選ばないといえます。しかし，もちろんのこと物理学が苦手とする対象もあります。その特徴を浮き彫りにすることで物理学の視点をお伝えしようと思います。エネルギーやエントロピーなど前2章と共通のキーワードが繰り返し現れますが，それはこれらのキーワードが自然を読み解く鍵だからです。

科学革命

　まずは現代物理学の源流をたどりましょう。ミクロな原子世界から宇宙の果てに至る広大な自然界で，私たち人間が直接見たり触れたりすることができる領域はごく限られています。たとえ身近な現象でも，例えば重力の働きを直接目で見ることはできません。人間の知覚で捉えきれない現象にどうアプローチしたらよいのか。この探究心が物理学の発展を駆り立ててきました。

　この探究に共通の解決方法を与えてくれたのが，ガリレオ，ニュートンらによって 17 世紀に成し遂げられ，今日**科学革命**と呼ばれる一連の知的変動です[*1]。科学革命に至る歴史的経緯は第 2 章で詳しく述べられましたが，その最大の成果は「実験して観測し，得られた測定結果を法則化する」という手続きの確立です。測定結果は数値化され，現象の原因と結果の関係が数値の関係として数学的に記述されます。この方法が確立したことで中世のアリストテレス的・スコラ的自然観は排除され，神の意思や魔力から解放された合理的自然観へのパラダイム転換が起きました。物理学は，この方法を忠実に適用することでできるだけ幅広い自然現象を読み解こうとする学問です。

物理学は物質をどのように捉えるのか

　自然界を構成する「もの」の構造を探り，それがどう動き働くかを明らかにするのが自然科学の目的だといえるでしょう。天文学，地球科学，生命科学，物質科学などの分野は，それぞれ見ようとする対象は異なるものの，「構造とその働きの探究」という点で方向性を共有しています。20 世紀に入って，すべての物質は 100 億分の 1 メートル程度の大きさをもち，陽子の個数によって 100 種類程度ある原子からできていることがはっきりしました。

[*1] 科学革命に関心のある読者は，プリンチペ（著），菅谷暁・山田俊弘（訳）『科学革命』丸善出版（2014 年）などに当たるとよいでしょう。

　原子の発見は，私たちの物質観を根本から変革しました。原子の存在を受け入れることで，生命体を含むあらゆるものを原子に還元し，その働きを原子同士の相互作用の結果として捉える原子論的な物質観ができたからです。1953年，生物の遺伝を司るDNAが二重らせん構造を持つ高分子であることが判明し，生命科学に分子生物学という新しい分野ができたことは象徴的です。

　物理学の目的は，物質世界の多様性を普遍的な視点で読み解くことです。できるだけ数少ない基本的な法則からできるだけ多くの現象を読み解くのです。その典型が力と運動の関係です。ニュートンは，物体に力が働くと加速度が発生することを明らかにしました。この法則—**運動方程式**—は，地上の物体の運動と天体の運動を一挙に説明します。同様に，光と電磁・磁気もまた共通の法則—**マックスウェル方程式**—のもとで統一されます。このように，それまで異なる原理で起きると思われてきた現象を共通の法則のもとで統一していくのが物理学の目的です。この意味で，物理学は対象を限定しない学問だといえます。

　ただし，物質の多様な現象がすべて基本法則で説明しきれない（少なくとも現在のところ）ことも明らかです。では，どのような現象が物理学の対象になり得るのでしょうか。

物理学の対象

　物理学の適用範囲をうまく言い表した言葉として，第1章で紹介した中谷宇吉郎のことば「火星へ行ける日がきても，テレビ塔から落とした紙の行方を予言することはできないことは確かである」があります。改めてその意味を考えてみましょう。

　観測することが科学の基本である点を強調しました。観測するのは私たち人間です。そこで，私たち観測者と観測対象の関係が問題になりま

す。この関係を捉える鍵が，観測者が処理できる情報量と観測対象[*2]が持つ情報量の関係です。

　この見方を図 10.1 に示します。観測者に対して観測対象がはるかに単純である場合を考えてみましょう。1 個のボールの運動は単純です。宇宙探査機が宇宙を航行する様子は複雑に思えますが，探査機を粒子とみなせばボールの運動と同様に軌道が決定できます。ニュートンが地上の運動と天体の運動が共通の法則（万有引力の法則）で記述できることを見抜いたことと同じことです。しかも宇宙空間には空気抵抗がありませんから，むしろ地上の運動より単純です[*3]。この意味で，探査機の持つ（力学的な）情報量は極めて少ないのです。この事情のゆえに宇宙探査機の航路を正確かつ決定論的にシミュレーションでき，迷わずに目的天体に送ることができるのです。

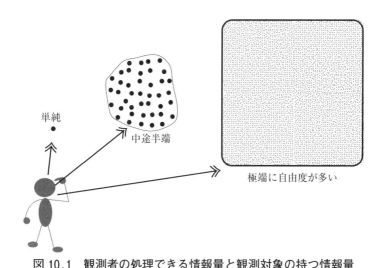

図 10.1　観測者の処理できる情報量と観測対象の持つ情報量
観測者から見て観測対象の持つ情報量が単純か，逆に極端に多い（かつランダムでめまぐるしく変化する）場合，物理学の対象になり得る。中途半端だとなかなか手に負えない。

[*2]　母集団といってもよいでしょう。
[*3]　もちろん他の天体からの重力の影響を考慮する必要がありますが，これも基本的にはニュートンの力学法則で記述できる効果です。

　一方，観測者から見て観測対象が持つ情報量が極端に多い場合はどうでしょうか。鍋の水が沸騰するプロセスを考えてみましょう。水 1cc には約 10^{23} 個の水分子が含まれます。これらの分子は 10^{-13} 秒（0.1 ピコ秒）程度の短時間ごとにランダムに衝突を繰り返しています。このランダムな運動に対し，個々の分子ひとつひとつにニュートンの運動法則を適用してこれを解くことは不可能です。しかし，このようなマクロな系の振る舞いは統計的に記述することができます。富士山の頂上では約 90℃で水が沸騰します。この事実は統計的に決定的です。矛盾する言い方に聞こえるかもしれませんが，これは正しい言い方です。「自由度の膨大さ」，「個別運動のランダムさ」，「衝突のめまぐるしさ」が幸いしてこのようになるのです。実際，液体が沸騰する温度を気圧の関数として決める熱力学の法則[*4]が存在します。

　さて，テレビ塔から落とした紙の運動では紙の表面積が大きいために，風の影響が重力と同程度になってしまいます。風の向きと大きさは時々刻々変化しますが，統計的に書き切れるほどの自由度でもありませんしランダムさも足りません。紙の各部分がひらひらと角度を変える時間スケールも，目に追える程度で十分めまぐるしくはありません。中途半端なのです。この結果，紙の運動のシミュレーションは非常に困難になります。この種の困難は，例えば地震予知の難しさとも相通じる問題です。

10.2　物理のキーワード

　実験・観測・数理の組み合わせから法則を読み取るという近代科学の方法は，科学研究を進める歯車に喩えられるでしょう。となるとこの歯車をどう動かすか，その視点が必要になります。科学革命以降今日に至

[*4]　クラウジウス・クラペイロンの式と呼ばれます。

る約300年余りを通して不要な視点が排除され，本質的で基本的なもの
が生き残ってきました。現代の物理学における最も基本的なキーワード
は**力，エネルギー，エントロピー，場，量子，時空**です。これらのイメー
ジを図10.2にまとめます。各キーワードと相互の関係を理解すること
で，物理学の全体像をつかむことができます。以下で詳しくみていきま
しょう。

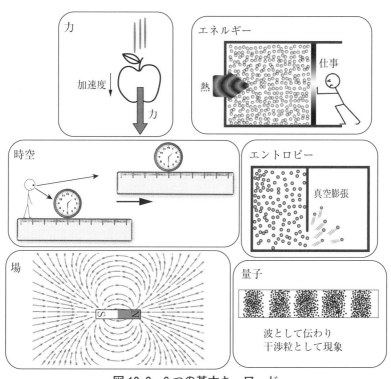

図 10.2　6 つの基本キーワード

10.2.1　力

　前節では物理学の特徴を述べました。本節ではより具体的に，自然界

を物理の眼で捉えるためのキーワードを紹介します。まずは**力**から始めましょう。物理学で最も基本的で重要な法則は，

物体に力が働くと加速度が生じる   (10.1)

というものです。この法則は，ニュートンが1687年に出版した主著プリンキピア（自然哲学の数学的原理）で表明した最も重要なメッセージです[*5]。

　加速の向きは力の向きと同じです。つまり加速度は力に比例します。この比例係数の逆数を質量と呼びます。加速度を a，質量を m，力を F とすれば，ニュートンの法則は

$$ma = F \qquad (10.2)$$

と書けます。これを**運動方程式**と言います。質量の単位は kg，加速度の単位は m/s^2 です[*6]。力は質量と加速度の積なので，単位は kg・m/s^2 となります。これをひとつの単位 N（ニュートン）で表します。

　この法則の重要な点は，運動の本質を加速度で捉えるべきこと，そして加速度を生む原因が力であることを明言した点です。逆に力がゼロなら加速度はゼロです。加速度がゼロであるということは，速度が一定であるということです。この一定値はゼロでも構いません。つまり速度がゼロの静止状態と，一定速度で動いている運動はともに力ゼロで起きるのです。この理解こそがアリストテレス的な運動の理解からの決定的な違いです。

　例えば一定速度で直線運動する車に働く力はゼロです（図10.3（a））。車にはタイヤと路面の間の摩擦力，空気抵抗，重力，路面からの抗力などが働いているではないかと混乱するかもしれません。しかし力は大き

[*5] プリンキピアでは，「運動の変化は加えられた力に比例し，かつその力が働いた直線の方向にそって行なわれる」という表現が使われています。これは質量が変化しない物体については（10.1）と同じ内容です。

[*6] m はメートル，s は秒です。速度の単位は m/s です。加速度は速度が時間とともに変化する割合なので，その単位は速度の単位をさらに秒で割った m/s^2 です。

(a) 一定速度

(b) 加速

図 10.3　力と加速度

（a）一定速度で走る車に働く力の合力はゼロ。（b）加速中の車には，前向きに有限の合力が働いている。力の分布は抽象化して描かれている。

さと向きを持つベクトルです。大きさが同じで反対向きのベクトルは，合わせるとゼロになります。これらの力が合わさった力（合力）が打ち消し合ってゼロになり，一定速度の運動が実現するのです。そして車が加速している間は，タイヤと路面の間の摩擦力（滑ろうとするのを食い止める静止摩擦力）が打ち克って正味前向きの力が発生しているわけです（図 10.3（b））。

　ところで，自然界には基本的な 4 つの力があります。第 8 章で見たように，原子を構成する原子核や電子は質量と電荷を持ちます。質量と質量の間には**万有引力**，電荷と電荷の間には**静電気力（クーロン力）**が働きます。私たちの身の回りの現象は，この 2 つの基本的な力によって引き起こされます。これらの力のほかに，原子核を構成する陽子や中性子の間に働く**核力（強い力）**，さらに原子核の崩壊を引き起こす**弱い相互作用**があります。しかしこれらは原子核内部の極めて短い距離でしか効きません（弱い相互作用の場合 10^{-18} m 程度，核力の場合 10^{-15} m 程度の

影響範囲)。このため,日常スケールの現象には顔を出しません。これに対し,万有引力とクーロン力の影響範囲は無限大です。このため,私たちの日常スケールの現象はすべて(私たちと地球の間の)万有引力[*7],およびクーロン力によって引き起こされるのです。摩擦力や抗力,空気抵抗の起源もすべてクーロン力です。

10.2.2 エネルギー

エネルギーはごく身近な言葉ですが,物理学において極めて重要な意味を持ちます。意外に思われるかもしれませんが,エネルギーの概念が物理学の中に確立したのはニュートンがプリンキピアを著した時代から150年程度も後の話です。力と運動の関係は単純明快でしたが,エネルギーを正しくとらえるには紆余曲折がありました。その理由はエネルギーにはいくつもの形態があり,それらの関係を明確にするのが大変だったからです。

石を手放して落下させましょう。石の質量は m です。落下の途中,地表からの石の高さが x の瞬間の速度を v とします。もちろん v と x は時々刻々変化します。ところが,**運動エネルギー**と呼ばれる量 $\frac{1}{2}mv^2$ と**重力の位置エネルギー**と呼ばれる量 mgx を足し合わせると,不思議なことに時刻によらず一定になります[*8]。この一定値を E と書き,**力学的エネルギー**と呼びます。式で書けば

$$\frac{1}{2}mv^2 + mgx = E \tag{10.3}$$

です。ここで mg は石の重さ(つまり重力)です。重さというのは石が地球から万有引力によって引っ張られる力(重力)のことです。石が落下する際の加速度(重力加速度)の大きさが g です。関係式(10.3)は**力学的エネルギー保存則**の一例で,運動方程式から導くことができま

[*7] 万有引力はクーロン力に比べてけた違いに弱く,地球が相手でない(例えば地上の物体間の)万有引力はほぼ完全に無視できます。

[*8] 空気抵抗は無視しています。

す[9]。

　石を手放した点の高さを h としましょう。このとき，物体が地表に達した瞬間の速度 v_0 はどうなるでしょうか。放した瞬間の速度はゼロ，高さは h ですから力学的エネルギーは $\frac{1}{2}m \times 0^2 + mgh$，地表に達した瞬間の力学的エネルギーは $\frac{1}{2}mv_0^2 + mg \times 0$ です。エネルギー保存則によればこれらが等しいわけですから

$$\frac{1}{2}mv_0^2 + mg \times 0 = \frac{1}{2}m \times 0^2 + mgh \tag{10.4}$$

となります（図 10.4）。ゼロになる項を消せば

$$\frac{1}{2}mv_0^2 = mgh \tag{10.5}$$

です。この式を，「石を手放する際に位置エネルギーとして貯蔵されたエネルギーが，地表に落下する際にすべて運動エネルギーに変換された」と読むことができます。このようにエネルギー保存則は，変転する

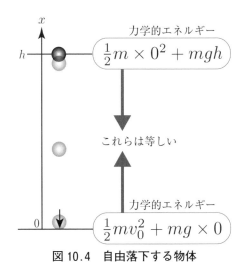

図 10.4　自由落下する物体

---

[9] 微分法を使って示すことができますが，ここでは踏み込まないことにします。

運動を不変な保存量で捉える新たな見方を提供します。保存量を貯蔵量に喩えれば，貯蔵されたエネルギーを位置エネルギー，運動エネルギーという異なる形態に分配できるわけです。エネルギーの単位は質量に速度の2乗をかけたものなので $kg \cdot m^2/s^2$ です。これをひとつの単位 J（ジュール）で表します。

ところで，式（10.4）を

$$\frac{1}{2}mv_0^2 - \frac{1}{2}m \times 0^2 = mg(h-0) \qquad (10.6)$$

と書き換えると別の見方ができます。この式の左辺は，石を手放した瞬間と着地直前での「運動エネルギーの差」を表します。これに対し，右辺を「重力 mg が働きながら高さが h だけ変化した際に，重力が石にした**仕事**」と呼びます[10]。仕事という言葉は日常用語なので紛らわしいのですが，物理で仕事というと力と位置変化（変位）の積[11]を意味します。仕事は物体の運動エネルギーを変化させる働きをします。

ここまでは1個の石の運動を考えましたが，保存量が真価を発揮するのは膨大な数の粒子（原子や分子）からなるマクロな物質の振る舞いを捉える問題です。個々の粒子の運動は極めて複雑に変化するのでとても追いかけることができません。しかし，個々の粒子の力学的エネルギーをすべて足したもの，つまり物質内部のエネルギー貯蔵量を統計的に把握することははるかに容易です。ある国の人々の個々の振る舞いは複雑でとても追跡できませんが，全人口なら把握できます。力と違って，エネルギーは全体把握に適した量なのです。

マクロな物質の全体把握という見方は，エネルギーの新しい形態を教

---

[10] こう書くと，位置エネルギーに加えてなぜわざわざ仕事などという量をあらたに導入するのかと思うかもしれませんが，位置エネルギーというのは位置だけで決まるエネルギーです。これに対し，物体が床を滑るときの摩擦力は位置だけでなく運動の向きにもよります。摩擦力に対しては位置エネルギーは導入できませんが，仕事は導入できます。

[11] 正確には「力のベクトルと物体の位置変化（変位）のベクトルの内積」が物理的な仕事の定義です。

えてくれます。それが熱です。まず，温度と熱の違いを混同しがちです
がこれらは明確に区別しなくてはなりません。熱はエネルギーです。物
質は熱を吸収してその温度をあげるのです。吸収した熱と上昇温度は比
例します。この比例係数は物質とその温度によって決まります。例えば
20℃の水 1g を 1℃温めるには 4.18J[12]の熱量が必要です。

　では，熱の起源は何でしょうか。やかんの水を温める際，やかんの底
が一斉に動いて水に仕事をしているわけではありません。やかんを構成
する個々の原子が激しく振動し[13]，その振動が底に当たった水の分子
を蹴散らします。その結果水分子の運動エネルギーが増大し，やかんの
水全体のエネルギー（**内部エネルギー**）が増えます。この種のエネル
ギー供給が熱です。やかんの原子も水の分子もミクロで，それらの運動
はランダムです。熱は，ミクロなランダム運動同士のエネルギー交換で
あって，物体のマクロな移動による仕事（力 × 距離）としては書けない

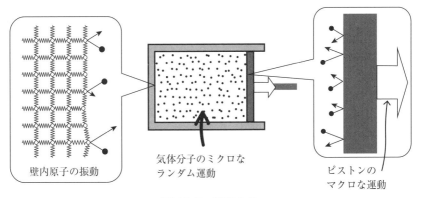

壁内原子の振動　　気体分子のミクロな　　ピストンの
　　　　　　　　ランダム運動　　　　　マクロな運動

図 10.5　仕事と熱
ピストン付きシリンダーに閉じ込めた気体分子が，マクロなピストンとの間で力学的な仕事を
やり取りする。一方，シリンダーの壁内の原子も振動しており，これが気体分子をランダムに
跳ね飛ばす。このミクロでランダムな運動エネルギー交換が熱。

---

[12] J はエネルギーの単位ジュール。K は絶対温度の単位ケルビンです。摂氏 0℃は 273.
　　15K に相当します。また，水 1g を 1℃温めるのに必要な熱量は水の温度とともに少し
　　変化します。
[13] 固体中の原子の振動（格子振動）の周波数は 10^{12} Hz（1 テラヘルツ）にも及びます。

172

のです*14。図 10.5 に，ピストンのついたシリンダーに閉じ込めた気体がする力学的仕事と，ピストンの壁を通した熱のやり取りの様子を示します。

　粗い床面を運動する物体に働く**動摩擦**も同様のミクロなエネルギー交換です。原子同士が引きずりあい，ランダムに運動エネルギーを交換します。その結果，物体は力学的エネルギーを失っていきます。失った分は熱として散逸します。

10.2.3　エントロピー

　エネルギーは物質内部や宇宙全体に貯蔵可能な量です。これに対し，貯蔵されたエネルギーを流通させて自然現象の変化を司るのが**エントロピー**です。

　冷やした鉄のブロックに，熱した鉄のブロックを接触させましょう。すると冷たいほうは温まり，熱いほうは冷めてやがて両者の温度は共通になります。これは日常感覚として自然な現象でしょう。この現象には二つの重大なポイントがあります。まず，この現象が自発的に起きることです。外から何ら手を加えなくても勝手に熱が流れ，時間とともに温度が均一になります。そしてもう一つ，この変化は決して逆戻りしません。これを**不可逆過程**といいます。冷たい鉄から熱い鉄に熱が流れれば，冷たいほうはどんどん冷たく，熱いほうはどんどん熱くなるはずです。そんなことは決して起きません。

　ここに，時間の向きが現れたことに注意しましょう。ふたつの物体に温度差のある状態 A と，それらが接触して温度が均一になった状態 B を見せられたとしましょう。すると私たちは状態 A が状態 B よりも確実に過去の出来事だと断言できます。不可逆過程は，時間とともに状態

---

*14 もし私たちが原子スケールの現象をスローモーションで逐一追跡できるなら，原子間の反発力がする仕事として熱を捉えることができるでしょう。しかし，原子の運動は速過ぎ，そして複雑すぎます。運動エネルギーが伝わる途中のプロセスは見えないのです。

が一方通行する変化なのです。熱はエネルギーですが，熱の自発的な流れを司るのがエントロピーです。人間の経済活動に喩えると，（あらたに造幣しないとすれば）日本国内のお金の量は一定です。これを内部エネルギーに喩えることができます。これに対し，お金の流れ（経済活動）を司るのがエントロピーです。

　エントロピーの本性は，次のような喩え話で理解できるでしょう。図10.6 のように大きなレストランがふたつの部屋に分かれていて，片方の部屋は満席状態です。そこで部屋の仕切りを外すと，隣の部屋の空席めがけて客は自発的に移動し，結果的に部屋全体に均等に広がった状態に落ち着くでしょう。このときはじめの状態と比べてあとの状態は，着席できるパターンがはるかに多くなっています。客を原子と読み替えれば，これは気体の真空膨張（空っぽの空間めがけて気体が噴き出す）に対応します。より広い領域へ広がるということは，原子がとり得るミク

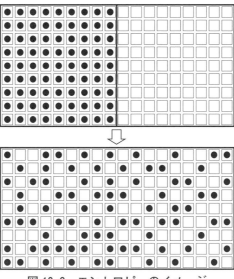

図 10.6　エントロピーのイメージ

仕切りを外すと，隣の部屋の空席めがけて客は自発的に移動し，部屋全体に均等に広がろうとする。これを気体の膨張に喩えると，過程は不可逆的でエントロピーの増大を伴う。

ロな状態（着席パターン）が増大することを意味します。そこで，この
ミクロ状態の数を W とすると，エントロピー S は W の対数として

$$S = k \log W \tag{10.7}$$

で定まります。これはボルツマンが1877年に与えたもので，**ボルツマ
ンの原理**といいます。k はボルツマン定数と呼ばれ，その値は
$k = 1.380649 \times 10^{-23} \mathrm{J \cdot K^{-1}}$ です。ボルツマンの原理は，マクロ集団の
情報（S）をミクロな情報（W）と結びつける式です。マクロな物質世界
とミクロな原子世界を橋渡しする重大な法則です。

　以上の内容は，「自発的な自然現象はエントロピーが増大する向きに
進行する」というあらたな自然法則にまとめることができます。クラウ
ジウスは，1865年の論文で

1. 宇宙の全エネルギーは一定である
2. 宇宙の全エントロピーは増大して最大値に向かう

と宣言しました。エントロピーの増大が止まると，それ以上自発的には
変化しない停止状態が現れるはずです。自発的変化の停止は死を意味し
ます。宇宙のエントロピーが最大値に達して変化を止めた状態を，**宇宙
の熱的死**と呼びます。宇宙の熱的死は，自然科学が宇宙全体をどうとら
えるかという問題と結びついており，現在も活発な議論がなされていま
す。

　現代物理学が描き出す宇宙観は，宇宙は非常に低いエントロピーの状
態で生まれ，高いエントロピーへ向かって移行していく運命であるとい
うものです。この方向性を与えるのが熱力学第2法則です。しかしなが
ら，素粒子の基本的相互作用やシュレーディンガー方程式自体は，時間
を逆転しても成立します。これを**時間反転対称性**といいます。物理学の

基本法則がひとたび与えられれば，自然界は原理的にそれに従って推移するはずです。ですからもしエントロピー増大則がなければ，宇宙は原理的に（低い確率で）ビックバンに逆戻りしてもよいことになります。しかし，微分方程式を解くには原初の状態（初期条件）を指定する必要があります。初期条件としてなにをどこまで取り込むか，その準備は人間が頭の中でするわけです。実際に起きている現実の自然界がどのような初期条件から発展してきたのか。その全貌を掴むことは物理学の根源的な目標です。

10.2.4　場

　電場，磁場という言い方を聞いたことがあるでしょうか。磁場のことを磁界ということもあります。ここに登場する**場**という言葉は，現代物理学の重要キーワードです。ニュートンはプリンキピアで，「質量を持つ物体間には，距離の 2 乗に反比例する引力が働く」といういわゆる**万有引力の法則**を宣言しました。これによって地上のリンゴの落下も月の運動も，ともに地球との間の万有引力が引き起こす現象であることがはっきりしました。地上と天空の統一がなされたわけです。しかし「何もない空間に距離を隔てて力が作用する」という見方（**遠隔作用**の見方）は根拠がなく，批判の的となります。力は，歯車が噛み合うように接触によってのみ伝わる（**近接作用**）と考えるのが自然だというわけです。この批判に業を煮やしたニュートンは，1713 年に出したプリンキピア第 2 版に「Hypotheses non fingo（私は仮説を作らない）」という注釈を付け加えました。自分が明らかにしたのは「実験に基づく万有引力と，その結果としての天体運動の因果関係」であって，「万有引力とは何か」を云々することは（ニュートンいうところの）実験哲学の目的ではないと宣言したのです。

　遠隔作用を巡る混乱が晴れ，今日の私たちが物理の眼で力を理解する土台が出来上がったのは19世紀中ごろです。そのキーとなるのが場の概念です。場という見方によって遠隔作用は不要になり，近接作用によって力を捉える見方が確立しました。場とは何でしょうか。

　私たちは「場が和む」という言い方をします。この場合，誰かが何らかの発言をして周囲の人々の気が和むわけです。この様子を抽象化して，発信源である「源泉」が「場」を発信し，これが周囲に充満しているという捉え方をしてみましょう。「場」の考え方と，場の分布を可視化するための「力線」の概念を考案したのはマイケル・ファラデー（1791〜1867年）です。図10.7に，ファラデーが描いた磁力線の様子を示します。磁石の周辺には，磁石がないときには存在しなかった**磁場**が存在し，鉄粉を巻くことによってその分布が一群の曲線として可視化できます。これが磁力線です。電気を帯びた物体の周囲には**電場**ができます。マックスウェルは，ファラデーが力線のイメージで描き出した近接

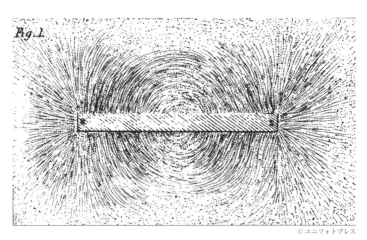

図 10.7　ファラデーによる，磁石の周りの磁力線のスケッチ
Faraday, "Experimental Researches in Electricity," (London, 1839-55) より。

作用を，数学的に明瞭な形で表現することによって電磁場の理論体系を
築き上げました。

　ニュートンを悩ませた万有引力についても，月は地球が作り出す重力
の場（**重力場**）に置かれると，切れ目なくつながる力線に沿って力を受
けるのだというイメージがはっきりしたわけです。ファラデーによる場
と力線の発見は，ニュートン力学の建設以降に起きた最も重要な物理学
上の発見であったと言えます。

　場の概念は，現代の物理学を支える基盤です。原子の中心にある原子
核は陽子と中性子からなり，それらは**クオーク**と呼ばれるより基本的な
3 つの素粒子が結合したものであることがわかっています。化学で主役
を演じる電子やこれら基本的な素粒子も，現代物理学の文脈ではすべて
場の概念に基づいて記述されます。

10.2.5　時　空

　アインシュタインの相対性理論は，時間と空間の測定が互いに結びつ
き，これらを分離して考えることができないことを示しました。今日，
時間と空間はひとまとめにして**時空**と呼ばれます。

　位置を測定するには目盛りがぶれない定規が必要です。時間を測るに
は正確な時計が必要です。しかし，定規の目盛りと時計の文字盤を読む
のは観測者である私たちです。目盛りと文字盤から出た光が，たとえ短
距離でも空間を伝わって観測主体（私たちの眼，あるいは受信装置）に
届くわけです。ここで，光の速度が $c=299792458\mathrm{m/s}$ という有限の値
を持つことが重要です。

　部屋の両端に置かれたふたつの机から，それぞれものが落下して同時
に床上の点 A，B に落ちるのを見たとします。この「同時」というのが
実は当たり前の概念ではないことを明確にし，物理学の法則に仕立てた

のがアインシュタインです。なぜ当たり前でないのでしょう。実は，落下が確かに同時刻に起きたと断言するには，観測者は点 A と B の中点に立たねばなりません。さもなくば，A，B 各点からの情報が観測者に届く時間に差が出るからです。

　運動法則（10.2）が正しく成立する系を**慣性系**といいます。慣性系に対して一定速度で動く系もまた慣性系です。なぜなら，互いの速度が一定なら余分な加速度は発生せず，それぞれの系で全く同じ運動方程式が成り立つからです。さらにアインシュタインは，光速が慣性系によらず一定であることを基本原理として要請しました。そこから，運動する乗り物に搭載された時計が刻む時間と，これを地上で受け取る時間に差が出るという結論が導かれます。これが 1905 年に発表された**特殊相対性理論**の骨子です。

　アインシュタインは 1915 年，特殊相対性理論とは別に重力を記述する理論（**一般相対性理論**）を完成させました。それによると，質量を持つ物質は周辺の時間と空間の目盛りを歪ませ，逆に歪んだ時間と空間が物体の運動を決めるのです。光もこの歪みを感じて直進経路を曲げられます。アインシュタインの重力理論は，一度入ると光すら出ることのできない時空の領域—ブラックホール—が存在することを予言します。楕円銀河 M87 の中心部にある巨大ブラックホールの撮影に国際共同研究プロジェクト「イベントホライズンテレスコープ」が成功したのは，2019 年 4 月のことです。

　相対性理論は，スマートフォンやカーナビゲーションの位置を GPS 衛星からの信号で測定する際にも使われます。GPS 衛星は，地上より重力の弱い地表上空 2 万 200km の軌道を周期 12 時間かけて周回しています。このため，時間測定には重力による一般相対性理論の影響（1 日当たり 46 マイクロ秒の進み）と，地上に対して運動することによる特殊相

対性理論の影響（1 日当たり 7 マイクロ秒の遅れ）をともに考慮しなくてはなりません。この，差し引き 46−7＝39 マイクロ秒の進みに光速をかけると，1 日当たり約 11km ものずれになります。この差をきちんと補正しないと位置の測定精度がどんどん落ちるわけです。

10.2.6　量　子

　キーワードの最後は**量子**ですが，これについては次章で詳しく取り上げます。ここでは簡単な導入を行います。今日の私たちは，原子が原子核と電子からできていることを知っています。しかし，電子をこの目で見たという人は誰もいないはずです。電子は，文字通り吹けば飛ぶような存在です。質量が 9.1×10^{-31} kg しかありません。ものを見るには光を当てますが，かくも微小な電子に光を当てると，電子にとってみれば破壊的に強力なレーザー銃を浴びるようなものです（図 10.8）。このため，電子の位置を突き止めようとすると電子の状態は激しく乱されます。そこでより正確に位置を突き止めようとして光を細かくする，つまり波長を短くするとさらに光のエネルギーが上がります。電子の乱れはさらに大きくなります。

観測者

観測者に見えるのは
確率分布だけ

電子

図 10.8　不確定性原理
吹けば飛ぶような電子に強烈な光が当たるイメージ。光を当てて位置を見ようとすると状態が乱されて本来の状態は測定できない。これが不確定性原理。

　このように，極微の素粒子の状態を確定することは不可能なのです。これがハイゼンベルクの**不確定性原理**です。これは，技術が進歩すればやがて何とかなるだろうという種類の問題ではなく，真に原理的な問題です。電子や原子核は，その軌跡を決定論的に観測できる古典力学の世界のオブジェクトではないのです。これらを古典的な粒子と区別して**量子**と呼びます。量子が運動した軌跡を確定することはできません。決まるのは，どのあたりにどの程度の確率で量子が分布するかです。

　量子の状態と変化を記述する理論体系が，1925 年前後から数年間の間に完成した**量子力学**です。量子力学では，観測者の立場から現象を記述します。このため，本質的に確率統計的であり不確実性を認める理論です。相対性理論も量子力学も，この《観測者目線》を取り入れたことがそれまでの古典物理学の見方からの大きな飛躍でした。これは開き直りともとれる見方ですが，ガリレオ以来続く「観測のみから法則を引き出せ」という徹底した態度がここに結実しているのです。次章で，より詳しく量子の世界に踏み込んでみましょう。

11 │ 物質の科学（4）量子の世界

岸根順一郎

《**目標＆ポイント**》私たちの住むマクロな世界で直接見たり触れたりすること
ができる対象と異なり，ミクロな世界の電子は直接見て位置を突き止めるこ
とができません。このような極微の粒子は波として空間を伝わり，観測する
と粒子として現れます。これが量子です。20世紀に登場した量子力学の意味
を探りましょう。

《**キーワード**》粒子と波，コヒーレンス，電磁波，量子，パウリ原理，ニンジ
ンの色

11.1　粒子と波

粒子の伝播と波の伝播

　ボールを投げると放物線を描いて飛んでいきます。速度 v で運動す
る質量 m の物体は，**運動量 mv** を持ちます[*1]。運動量は，粒子の運動
を特徴づける基本量です。ニュートンの運動方程式は，「物体に力を加
えると運動量が変化する」と言い表すのが本来です。また，粒子は**運動
エネルギー** $\frac{1}{2}mv^2$ を運びます。粒子の動きを「伝わる（伝搬する）」と見
ることもできます。ある場所から別の場所へとボールが伝わり，伝搬す
るという捉え方です。

　伝搬するという点では，池の表面に小石を投げ入れてできるさざ波
も，水面を伝搬していきます。しかしこの場合，何かが運ばれているわ
けではありません。池にピンポン玉を浮かべておいて波を立てても，ピ
ンポン玉は上下に揺れる（変位する）だけで先へは進みません。これは

[*1] 速度は大きさだけでなく向きを持つベクトルなので，太字で v と書いています。運動
　　量もベクトルです。

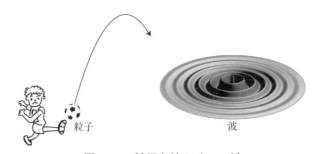

図 11.1　粒子と波のイメージ

ボール（粒子）は明確な軌跡を描いて運動する。波は広がり偏在する。

粒子の伝播とは明らかに異なります。

　波の伝播は，静水状態にあった水面の高さが本来の位置から変化した（**変位**した）状態が伝わっていく現象です。変位しているのは水です。このように，振動する実体を**媒質**と呼びます。たくさんの人が並び，端の人から順に 1 秒ずつ遅れで屈伸運動をするとします。この場合は人が媒質です。全体の様子を遠くから見れば，波が伝わっていく様子が見えます。このとき，伝播するのは屈伸の状態です。このように，波動とは粒子の伝播ではなく状態が伝播する現象です。波の速度といった場合も，状態の伝播速度を意味します。屈伸の例では，人が上下振動するのに対して波は水平方向に進みます。この水平方向の速度が波の速度です。このように振動方向と進行方向が垂直である波は**横波**と呼ばれます。あるいは，屈伸でなく左右の振動を伝えていくことも可能です。このように，振動方向と進行方向が平行である波は**縦波**と呼ばれます。

　いま，ある瞬間に波立つ水面のスナップショットを撮影してみましょう。このとき，波のひとうねりの長さ（同じ変位が起きている点の間の最短距離）を**波長**と呼びます。また，1 秒間に媒質が上下振動する回数が**周波数** f です。波が進む速度を c とすると，水面が 1 回振動するのに要する時間は $1/f$ ですから，波長は $\lambda = c/f$ となります。つまり

$$\lambda f = c \tag{11.1}$$

が成り立ちます。この関係式は，波動の伝播を記述する基本的な関係式です。

コヒーレンス

　粒子と波動の顕著な違いは，波動が**干渉**効果を示すことです。干渉を示す性質はコヒーレンス（干渉性）とよばれます。再び池のさざ波を考えましょう。池の表面の2箇所に小石を投げると，それぞれが発振する波が重なり合って模様が現れます（図11.2）。これは，水面が盛り上がった箇所（山）が重なれば強め合い，逆に山と谷が重なれば変位は打ち消しあって弱められます。この強弱の分布が曲線群となって見えるの

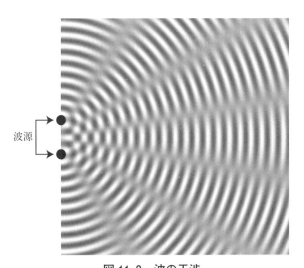

波源

図 11.2　波の干渉

接近した2つの波源から繰り出される波のスナップショット。2つの波が干渉し干渉縞（6本の線）を作る。

です。これを**干渉パターン**と呼びます。前方の水面上にたくさんのピンポン玉を並べると，ピンポン玉が大きく揺れるところとほとんど揺れないところが交互に現れます。しかし，波の形が崩れると干渉パターンは曖昧になります。コヒーレンスを保つためには波の形を保持する必要があります。

光

　私たちにとって光はあまりにも身近なものであり，視覚を通して経験の中に根付いています。しかし，五感で捉えやすい現象であるだけに，物理的方法のメスを入れにくいものです。力と運動の関係と同様に，光に対して近代科学の方法が適用され始めたのは 17 世紀のニュートン，フック以降です。ニュートンは，光を光源から飛び散る粒子ビームとして捉えていました。一方フックは光を波動だと考えていました。ニュートンの権威も影響して，18 世紀を通して光の粒子説がヨーロッパの科学者に大きな影響を与えてきました。

　そのような中，19 世紀の幕開けとともに光が波であることを決定的に示す歴史的実験が現れます。それがヤングの干渉実験（1805 年）です。ひとつの光源から出た光をスリットでふたつの経路に分け，前方のスクリーンに映し出します。するとスクリーンには縞模様が現れます。図 11.3 はこの事実を説明するためにヤングが描いたものです。光が水面を伝わる波のような波動現象であることを顕著に示した画期的な実験です。

　ここで素朴な疑問が浮かびます。光の波動は一体何が（どのような媒質が）揺れている現象だろうかという問題です。水面の波は水が揺れ，音の波は空気が揺れます。光の場合の媒質は何でしょうか。前章でも触れましたが，実は光の伝播は電磁気現象です。電場と磁場が絡み合って

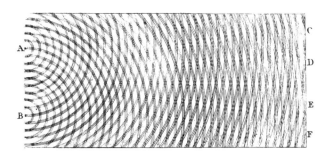

図 11.3　ヤングのスケッチ

進行するのです。このこと自体は，19 世紀後半にイギリスの物理学者マックスウェルが確立しました。しかし，それでもなお媒質をめぐる問題ははっきりしませんでした。実は，光は媒質などなくても伝わります。つまり，原子からなる物質の助けを借りずとも，真空中を伝播できるのです。言い換えれば，光と物質は別物です。このように，この世界を**光**と**物質**に分離し，それらの間の関係を探ろうという方向性は 20 世紀に入ってから確立したものです。

11.2　光の本性

電磁波としての光

　こうして，「電荷が源になって電場ができ，電流が源になって磁場ができる」という見方が確立します。ところが，電気の磁気の世界はもっとダイナミックです。電流が時間的に変化すると，つられて磁場も変化します。この場合，不思議なことに時間変動する磁力線に電気力線がまとわりつくように発生します。これがファラデーによって 1831 年 8 月 29 日に発見された**電磁誘導の法則（ファラデーの法則）**です。この日は

「電気工学の誕生日」とも言われています。なぜなら，磁場を変化させることで発電が可能になることが示された日だからです。

　この40年ほどあと，マックスウェルは1873年に『電気磁気論』[*2]を出版して電磁気学を集大成します。マックスウェルの功績は大きく分けて2つあります。ファラデーが心眼によって描いた「空間を充満する力線」のイメージに明確な数学的記述法（マックスウェル方程式）を与えたことです。これによって，現代物理学の根幹である**場の理論**の原形ができあがりました。もうひとつは，光を**電磁波**として記述することに成功した点です。時間変化する磁場はファラデーの法則によって電場を生みます。同様に，時間変化する電場は磁場を生みます[*3]。こうして，電磁場は原初の起源である荷電粒子から独り立ちして遠く離れた空間を横波として伝搬していきます。これが電磁波です。マックスウェルは，その伝搬速度が当時知られていた光の速度とあまりにもよく一致することから，光が電磁波に違いないと考えました。さらに金属の表面が光を反射して光沢を示すことや，光の屈折率が物質の誘電率で決まる事実を通して，光が電磁波であるという確信を揺るぎないものにしました。ヘルツが電気振動によって電磁波を発生させ，この確信を実証して見せたのはマックスウェルの死から9年後の1888年です。このようにして，自然界に見られる多様な光が真空中を光速で伝わる波長の異なる電磁波として一望のもとに見渡せるようになったのです。

　図11.4に光が横波として伝播する様子を示します。電場の振動と磁場の振動の向きは互いに直交しており，電場から磁場へ向けて右ネジを回した時にネジが進む向きに光が進行します。物質中に光が入射すると，電場が強い効果を与えます。電場は電荷を帯びた粒子を揺り動かすからです。

　偏光板という素材があります。偏光板は，振動する電場の向き（偏光

[*2]　"A Treatise on Electricity and Magnetism"
[*3]　この効果はマックスウェルによって提案され，「変位電流による磁場」と呼ばれます。

の向き）をある特定の方向に揃える働きをします。太陽から降り注ぐ光
は，いろいろな向きに振動する電場を含んでいます。言い換えればラン
ダムに偏光しています。この光を偏光板に通すと，綺麗な直線上の偏光
（直線偏光）を取り出すことができるのです。光が物質表面で反射した
り，物質の境界で屈折したりする現象は偏光状態によってその性質を変
えます。例えば，ガラス窓に写りこんだ外の景色を偏光板を通して見て
みましょう。偏光板を回転していくと，景色が消えてガラスの向こうが
綺麗に見える特定の角度があることがわかります。この現象も，光が横
波であり偏光という属性を持つことを直接反映しています。

　以上の成果が 19 世紀末の段階での物理学のひとつの到達点です。こ
こに「物質を基本的な素粒子の集まりとして捉える」という原子論およ
びこれを記述する量子力学の見方が加わることによって現代の物質観が
完成します。かくして私たちは，古来物理学における最も根本的な研究
対象であった光と物質についての基本的な理解を手にすることができる
のです。

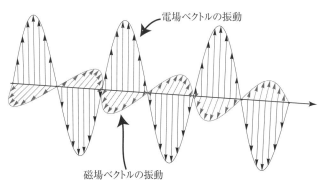

電場ベクトルの振動

磁場ベクトルの振動

図 11.4　電磁波のイメージ

光の粒子性

　ヤングの干渉実験以降「波としての光」という考え方が確立しましたが，19世紀後半のマックスウェルによる電磁気学や20世紀はじめにプランクが提唱した量子仮説（光は振動数νに比例するエネルギーの塊として振舞う）を通して，光が粒子と同様にエネルギーを運ぶことができるという認識，いわば粒子説復活への準備が整いました。実際，極めて微弱な光を使って干渉実験を行うと，粒子状のスポットが蓄積されて干渉縞が完成する様子を見ることができます（図11.5）。この光の粒子を光子と呼びます。

　光がエネルギーを運ぶということは，光が電子のような粒子との間でエネルギーをやり取りできることを意味しています。この事実が顕著に現れるのが，金属の表面に光を当てると電子が飛び出して来る**光電効果**であり，これを光の粒子描像の観点から記述することに成功したのがアインシュタインです。アインシュタインは，波長λの光が運ぶエネルギーが

$$E=\frac{ch}{\lambda} \tag{11.2}$$

で与えられると提唱しました。ここに現れた h はプランク定数と呼ば

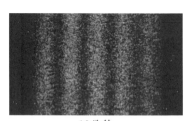

10秒後　　　　　　　　　　　　10分後

画像提供：浜松ホトニクス

図11.5　微弱な光に対する干渉実験

れる普遍定数で，

$$h=6.6 \times 10^{-34} \text{J·s} \tag{11.3}$$

という値を持ちます。「エネルギーと時間の積」という次元を持つことに注意しましょう。

　光電効果は，身近な実験装置で再現することができます。まず，箔検電器を帯電させて箔を開かせます。次に金属板に波長の短い光を照射します。すると金属板から電子が飛び出すことで箔の電気量が減少し，箔が閉じていきます。このように，光は電子を弾き飛ばす能力を持っています。

物質と光

　人間が自然を眺める際，目に映るのは光か物質です。光は場の振動であり，物質は原子の集合体です。これらは自然界を構成する根源的な基本要素です。重要なことは，光が電磁波であるために物質中の荷電粒子を揺することです。この効果を広く「光と物質の相互作用」と呼びます。これをよりひろく「場と物質の相互作用」と言い換えると，さらに世界が広がります。実は，現代物理学の大きな目標の一つは「自然界にどのような場が存在し，それらが物質とどう相互作用するか」を探究することなのです。

　光と物質の相互作用が直接現れる現象として**光学活性**があります。二酸化ケイ素（水晶）の結晶には右巻き・左巻きの区別が存在します。原子が右回りあるいは左回りの螺旋状に並んでいるのです。実は，光はこの右・左を見抜くのです。図 11.6 に，右巻きの水晶玉と左巻きの水晶玉に光を通した際に現れる模様を示します。結晶の巻き方を反映して，光の螺旋模様が逆巻きになっている様子がわかるでしょう。

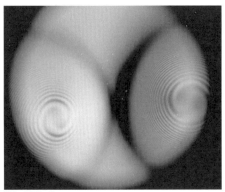

撮影：岸根順一郎

図 11.6 水晶と光

水晶は，原子が螺旋を描いて分布した結晶である。水晶玉に光を当てると，螺旋の巻き方が左巻きか右巻きかが見える。

　光学活性は，水晶の結晶中で原子が螺旋状に配列していることによって生じます。光が入って来て振動電場が電子に作用すると電子は原子核に束縛されながら少し動きます。この際，原子が螺旋状に並んでいるために電子は螺旋階段に沿ったような動きをします。つまり，進みながら回転するのです。電子が回転するとそれはループ状の電流となります。この電流は磁場を生み出します。さらに磁場が時間変化して新たな電場が生じます。この，新たな電場が入射光の電場と重なる結果，電場の向きが斜めに倒れます。これが偏光面が回転する仕組みです。

11.3　ニンジンの色と量子力学

　物理学についてのはじめの一歩の最後に取り上げるのはニンジンです。ニンジンはオレンジ色に見えます。これがなぜかという問題です。

この問題は現代物理学の根幹を成す量子力学という学問のエッセンスを
つかむのに適しています。

電子の観測と不確定性

　ここまでは，電子を「電荷を帯びた粒」として見てきました。しかし，
前章でも強調したように電子は吹けば飛ぶような存在です。このような
電子の挙動をどのように把握できるのでしょうか。私たちの日常では，
物体が接近してくるのを見ることによって捉えます。この時，物体に光
が当たってその反射光が眼に入ることで物体の位置を観測するわけで
す。例えば自動車が近づいてくる，人が近づいてくるといった場合，光
が自動車や人に当たることでその位置や速度を測定しているわけです。
このとき，これらの観測対象が光によって影響を受けないことが正確な
観測の大前提です。光によって車が吹き飛ばされてしまうようなことが
あれば，そもそも光によって車の位置を捉えることは不可能です。
ニュートン力学は，このように観測対象の状態を変えずに観測ができる
という大前提に立った理論体系です。物体の位置と速度を（技術的困難
は別として）原理的にはいくらでも正確に測定することができるという
前提です。

　ところが電子のような軽い粒子に光を当ててその位置を正確に見極め
ようとすると大問題が発生します。前章の終わりで触れたように，光は
電子を跳ね飛ばします。私たちの目に見える優しい光でも，1個の電子
にとっては強烈な打撃を与えます。電子の位置を正確に見極めようとす
れば，細かい情報が必要です[*4]。しかし細かい波は波長が短いというこ
とです。そして，波長が短い波はより大きなエネルギーを運びます。こ
のため，電子の位置を見極めようとすればするほど電子の状態は激しく

[*4] 扉の向こうの音が聴こえるように，波は障害物を回り込んで広がります。これが「回
折」と呼ばれる現象です。回折すると波が広がってぼやけます。この現象を避ける方
法が，波の波長をできるだけ短くすることです。光も波ですから，電子による光の回
折をできるだけ抑えて電子の位置を正確に見ようとすれば波長を短くする必要があ
ります。

乱されます。

こうして「電子の位置測定の精度を上げれば上げるほど，電子の運動の揺らぎが大きくなる」ということになります。これが**不確定性原理**です。結局のところ，電子を凝視することはできないのです[*5]。電子のように軽い粒子を観測するという行為を考えるとき，この事実を原理として受け入れるほかありません。これが量子力学の態度です。

電子の波動性

電子の本性を鮮明に描き出す実験は，1980年代に日本の外村彰によってなされました。外村は，図11.7に示すような装置を組み上げました。これは，いまでは古くなりましたがテレビのブラウン管の原理とよく似た装置です。タングステンフィラメントなどを熱すると，表面から電子が飛び出してきます。電子銃からポツポツとひとつずつ飛び出してくる電子を電場で加速し，さらにふた手に分けて再び合流させます。そして，スクリーン上に膨大な数の電子が蓄積されるのを待ちま

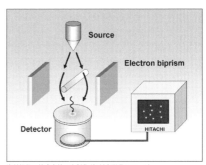

資料提供：株式会社日立製作所 研究開発グループ

図11.7　電子の干渉実験に成功した実験のセットアップ

す。初めのうち，電子はスクリーン上にランダムに分布します。ところが，驚くべきことに時間が経過して蓄積される電子の数が増えてくると，スクリーン上に電子が出現する頻度が縞状に分布する様子が見えてきます（図11.8）。縞模様が現れるということは，何らかの波が干渉して干渉縞を作り出していることを意味しています。

[*5] わかりやすい喩えとして「鏡の前に立ち，できる限り目を閉じて自分の姿を正確に見る」行為を思い浮かべてください。目を閉じることと正確に見ることをともに極めることはできません。

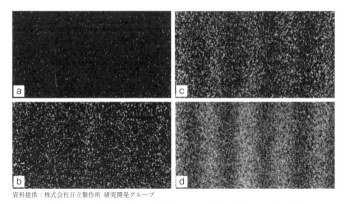

資料提供：株式会社日立製作所 研究開発グループ

図 11.8　電子の干渉パターンが形成される過程

　この実験結果を解釈するポイントが2つあります。まずは「電子が膨大な数蓄積されることで初めて模様が現れた」ということです。これは，縞模様が現れるプロセスが「確率統計的」であることを意味しています。次に「縞模様が現れたにもかかわらず，スクリーン上には点状粒子として電子が現れる」ということです。この不可思議な事実を受け入れるには，「電子は飛んでいる間は波であり，我々の目に触れる（測定される）と粒子に戻る」と考えるしかありません。一言で言うなら「電子は波として伝わり，粒子として現象する」ということです。舞台裏では波として振る舞い，舞台に出てきたとたん粒に戻るというわけです。そしてこれを電子の本性として受け入れるしかないのです。これが20世紀初めの四半世紀の間に準備が進み，1925年を皮切りに堰を切って発展した量子力学の心髄です。

　波とは一体何の波なのか。さらに波の描像と粒子の描像をどう折り合わせればよいのか，という疑問が湧いてきます。この問についての回答は，量子力学建設当初から現在まで続く大問題であって決してすっきりと解決する問題ではありません。ただし，量子力学という ’ルール’ は

確立しています。それによれば，飛んでいる電子の波を直接触れたり見たりすることは決して出来ません。しかしその波は電子の状態を最も基本的なレベルで規定しています。我々はこの波を波動関数と呼びます。そして，波動関数の振幅の2乗をとると，その場所に粒としての電子を見出す確率が得られます。

エネルギーの量子化

いよいよニンジンの色の問題に進みましょう。その前に，両端を閉じたパイプにビー玉を入れたものを思い浮かべましょう。ビー玉はパイプの中を行ったり来たりできますが外へ出ることはできません。つまり，ある空間領域に閉じ込められています。では，この模型をミクロの世界へ持っていったらどうなるでしょう。つまり，電子をある一定の幅の空間に閉じ込めるのです。

電子は波として伝わるので，パイプの中を波として行き来します。これは，ビール瓶に声を吹き込む様子と似ています。ある特定の高さの声を出したときだけ大きな音が出ます。そして，少し音の高さをずらすと音は聞こえなくなります。これと同じことが電子の波にも起こります。パイプからパイプの一端に入射した電子の波は端で跳ね返って反射波となります。そして，入射波と反射波が重なり合って合成波ができます。この結果，波の波長がパイプの長さとうまく整合するときだけ合成波が生き残ります。この合成波は進行せず上下に揺れるだけなので**定常波**と呼ばれます。図11.9に定常波が形成される様子を示します。パイプの長さを L とする

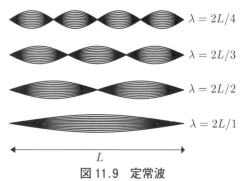

図 11.9　定常波

両端が固定された弦の振動は定常波となる。

と，許される電子の波長は $n=1,2,3,\cdots$ として $\lambda=2L/n$ となります。

　ここで，電子の波動性と粒子性を橋渡しする重要な原理が登場します。波動性を特徴づけるのは周波数 f と波長 λ です。周波数から角振動数 $\omega=2\pi f$，波長からは波数 $k=2\pi/\lambda$ を作っておくとあとで式の見通しが良くなります。一方粒子の運動を特徴づける基本量は運動量 $p=mv$ と力学的エネルギー E です。波動性と粒子性を特徴づけるこれらの量は

$$p=\hbar k, \qquad E=\hbar\omega \qquad\qquad (11.4)$$

という関係式で結ばれます。この 2 つの関係式をアインシュタイン・ドブロイの関係式と呼びます。ここに現れた係数 $\hbar$ はプランク定数 $h=6.6 \times 10^{-34}$ J・s を 2π で割ったもので，

$$\hbar=1.05 \times 10^{-34} \text{J・s} \qquad\qquad (11.5)$$

という極めて小さな値をとります。

　電子の波動性が実際の現象にどう現れるかを理解する場合，電子が閉じ込められた領域の幅（システムサイズ）と電子の波長（「ドブロイ波長」と呼ばれます）の関係が重要になります。ちょうど，プールに波を立てる様子を思い浮かべてください。25m プールに波長が 1mm の細かな波を立てても波動としての干渉効果はよく見えません。一方，波長が 10m の大きな波であれば大きな干渉効果を見ることができるでしょう。

　例えば，体重 60kg の人間が 1m/s で歩いている場合の波長は $\lambda=2\pi\hbar/p=2\pi\hbar/(mv)=1 \times 10^{-35}$ という途方もなく短いものになります。この結果，私たちが波動として干渉効果を起こすことはありえません。ところが，1 電子ボルト，つまり 1 ボルトの電圧で加速された電子の波長は約 1 ナノメートル（10^{-9} m）となります。これは原子 10 個分

程度の長さです。

ベータカロテンの光吸収

　さて，ニンジンの主成分であるベータカロテンは炭素が鎖状に繋がった骨格を持つ共役分子です。この種の分子の特徴は，パイ電子といって分子の中を端から端まで遍歴する電子を持つことです。ベータカロテンは，長さが $L=2\mathrm{nm}$ 程度の鎖状の空間に22個のパイ電子が閉じ込められたモデルによって記述することができます。さきほど示したように，この場合電子が形成する定常波の $\lambda=2L/n$ となります。波数は $k=2\pi/k=\pi n/L$ なのでアインシュタイン・ドブロイの関係式から運動量は $p=\hbar k=\hbar\pi n/L$ となります。よって，電子の運動エネルギーは

$$E_n=\frac{p^2}{2m}=\frac{\hbar^2\pi^2n^2}{2mL^2} \tag{11.6}$$

となることがわかります。波長が特定の（トビトビの）値しか取れない結果，エネルギーもトビトビになります。これが「エネルギーの量子化」と呼ばれる現象です。式（11.6）で決まるエネルギーの分布は，段差の異なる（上へ向かって段差がどんどん大きくなる）階段に似ています（図11.10）。エネルギーの階段は，電子が取り得る座席に対応します。

　さて，ベータカロテン分子には22個のパイ電子が含まれます。これらの電子は，このエネルギーの階段を下から順に占めていきます。この際，電子が生まれながらに持っている属性としてこれまで紹介しなかった**スピン**という性質が効いてきます。フィギュアスケートの選手が自分の体を軸にしてクルクルと回転する様子を思い浮かべてください。同じように，電子には右回りに自転するものと左回りに自転するものがあります（本当はこの表現は正確ではありませんが）。慣例として，スピンが「上向き」，「下向き」の状態を持つという言い方をします。電子は電荷を

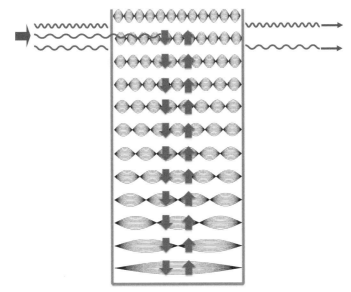

図 11.10　ベータカロテン分子の光吸収

ベータカロテン分子に 22 個のパイ電子をパウリ原理に従ってエネルギーの低いほうから順に詰めていく様子。矢印は電子のスピンを表す。白色光にはいろいろな波長の光が混ざっているが，特定の波長の光が選択的に吸収される。この結果，残りの光の色（補色）としてオレンジ色が残る。

載せていますから，電荷を帯びて自転することで周囲に磁場を生み出します。つまり電子のスピンは磁気の種なのです。

　スピンは磁気の種としての性質だけでなく，電子の振る舞いを厳しく規制する根源的な性質を表します。つまり，「スピンが同じ電子が同じ状態を占めることはできない」という原理です。これを「パウリの排他原理」と呼びます。この原理のために，ベータカロテン分子中の 22 個の電子は，上下スピンのペアが下から順に 11 番目の座席までを占めることになります。

　さて，この分子に光が当たると電子は光からエネルギーを受け取りま

す。人が，階段の最下段から順に詰めて座っている様子を思い浮かべてください。すると，下の方の人を動かすのは至難です。隣接する段が満席状態のため行き場がないからです。これに対して，最上段の人は空席となっている上の段に飛び移ることが可能です。同じことがベータカロテン中の電子にも起こります。11番目のエネルギー準位を占める電子が，光からエネルギーを吸収して12番目の準位に飛び移る（これを「遷移する」といいます）ことが可能です。このときのエネルギー差は $E_{12}-E_{11}$ ですが，この差を光のエネルギー（11.2）と等しいと置き，対応する波長を計算すると

$$\lambda = \frac{ch}{E_{12}-E_{11}} = \frac{8mL^2c}{23h}$$

が得られます。この結果に 電子質量：$m=9.1 \times 10^{-31}$[kg]，箱の長さ：$L=1.8 \times 10^{-9}$[m]*6，光速：$c=3.0 \times 10^8$[m/s]，プランク定数：$h=6.6 \times 10^{-34}$[J・s] を代入すると $\lambda=477$nm になります。

　これはちょうど緑色の光に対応します。ニュートンがプリズムの実験によって示したように，太陽光は様々な波長の光を含みます。太陽光がベータカロテン分子に侵入すると，ちょうど緑色の光だけがうまく吸収されるわけです。その結果，私たちの目の網膜には緑色以外の光が入射します。結果として，私たちの脳は緑色の補色であるオレンジ色を感知するのです。以上が，ニンジンがオレンジ色であることの説明です。このような身近な現象に，電子の波動性，パウリ原理，物質と光の相互作用といった量子力学のエッセンスが詰まっているのです。

量子技術

　私たちは今日，直接見たり触れたりできない量子の世界を受け入れることで物質の性質を理解する方法を手にしています。金属や半導体の性

---

*6　実際には，βカロテンの有効分子長を直接測定することは困難です。問題の流れとは逆に，吸収波長を測定してから逆算するのが普通です。

質も，素粒子の基本的な性質も，量子力学の原理で記述することができます。量子力学は，それまでのどんな物理学の理論より不思議です。そして，不思議であるにもかかわらず正しく働きます。さらに 21 世紀に入って，電子や原子核の状態が持つ量子力学的性質を情報処理やエレクトロニクスに活用する**量子技術**が発展しています。

物質と宇宙の起源

　量子力学の特徴は，半導体や量子コンピュータのような産業技術への発展と，物質の起源を探究する基礎的研究の展開の両面に革命を起こしたことです。後者については，量子力学と相対性理論を場の理論の視点で統合することで，素粒子物理学が発展してきました。その結果，クーロン力（電磁力），弱い相互作用，強い相互作用はゲージ原理とよばれる一つの原理のもとで統一されました（素粒子の標準理論）。現在，原子核がなぜ，どうして安定に存在し，今後どう進化するのかといった問題への挑戦が続けられています。

　また，宇宙には私たちが見ることのできない暗黒物質や暗黒エネルギーが多量に含まれることがわかってきています[7]。これらをどう理解するかは，物理学の未解決問題です。

---

[7]　私たちが物質と呼んでいるものは宇宙全体の 4% 程度しかないことが宇宙探査機による観測結果から示唆されています。

12 | 数学（1）数学の言葉と論理

| 隈部正博

《**目標＆ポイント**》自然現象を表現するための手法として数学が用いられます。したがって今回は数学を理解する第一歩として数学特有の言葉使いと考え方を学びます。現代数学では基本的である集合の概念，そして数学のもつ基本的な論理性について考えます。
《**キーワード**》命題，論理，集合，和集合，積集合，補集合，ド・モルガンの法則

12.1 始めに

　数学の根幹はその論理的思考にあるといえます。本章と次章では2つの事柄，論理と集合について解説します。論理学の起原は，アリストテレスの時代にまでさかのぼることができます。今から2400年も前です。アリストテレスはプラトンの弟子で，政治，文学，自然科学，論理学などあらゆる学問領域を考察対象とし「万学の祖」と呼ばれています。彼によるとされる有名な文章として次があります。

　　ソクラテスは人間である
　　人間はいつかは死ぬ
　　ゆえにソクラテスはいつかは死ぬ

また，次の例を見てみましょう。

　　太郎君は甘いものが何でも好きな人である

　　甘いものが何でも好きな人は病気になりやすい

　　ゆえに太郎君は病気になりやすい

上の2つの例では内容は無関係ですが，何か類似のものの考え方を感じるでしょう[*1]。これは三段論法と呼ばれるもので，人間の思考方法として今でも最も重要なものとされています。

　アリストテレスは，人間の本性は「知を愛すること」とし，次のように言っています。

　　　　　　理性は，神が魂に点火した光なり

つまり，人間の特質は「思考する知性（理性）」を持っていることであり，これが人間の魂であると考えたのです。

　思考とはどういうものか，思考を支配する法則を研究する学問が論理学であり，知（真理）を獲得するために，彼は論理学を重要視しました。アリストテレスの論理学はその後1000年以上にもわたり，ヨーロッパ圏に影響を及ぼしました。

　その後，論理学が急激な発展を遂げたのは19世紀後半で，ド・モルガン，ブール，フレーゲらをはじめとする記号論理学の登場です。数学的な議論（推論）を，（曖昧な）言葉の代わりに記号を使って書き表わそうという試みです。数学は自然科学とともに大きな発展を遂げましたが，正確性（厳密性）という点でまだ不十分であることが認識されていました。それを乗り越えるためにも，記号を厳格な規則のもとで変形していくことで，数学の議論を正確に行おうと考えたのです。その過程で，人間の思考の根本的な面が見えてきました。数学は自然現象を表現するための道具（手法）として重要ですが，それだけでなく，人間の思考に深く根ざしたものなのです。これから，「〜でない（¬），かつ（∧），また

[*1] A は B である。B は C である。ゆえに A は C である。これは三段論法の一つの形です。ここで，A を「ソクラテス」，B を「人間」，そして C を「いつかは死ぬ」とすれば，最初の例が得られます。また，A を「太郎君」，B を「甘いものが何でも好きな人」，そして C を「病気になりやすい」とすれば，2番目の例が得られます。

は（∨），ならば（←），すべて（∀），ある（∃）」といったキーワードについて学びますが，これらの記号が論理的思考では重要な役割を担います。

　時をほぼ同じくして19世紀後半に，カントールによる集合論が創設されました。集合とは「ものの集まり」のことで，彼は集合自身を研究対象にしました。その後，数学の概念や議論を集合を使って表すことができることで，集合は数学の基本的概念として認識されていくことになりました。日常生活において我々は，家族，学校，会社，サークル，団体などの組織の一員として生活していますが，これらは「もの（ひと）の集まり」であり，まさに集合と言い換えられます。以上述べた2つの概念である論理と集合は，実は互いに関連しあっています。このことをこれからみていきましょう。

12.2　命題その1

例 12.1　人々がどのような食べ物が好きであるか，調査することを考えましょう。最初に調査する対象となる人々を決めます。ここでは放送大学の学生としましょう（簡単のため，同姓同名の人はいないものとします）。次に食べ物のリストをつくります。リストにはケーキと饅頭，コーヒーなどがあるとしましょう。そして調査が始まります。各人に，どの食べ物が好きか（0個以上複数回答可）選んでもらい，データを収集しました。調査結果の一例が，

　　　放送太郎はケーキが好きと答え，饅頭も好きと答え，
　　　放送花子はケーキが好きと答えず，饅頭も好きと答えていない，

$$(12.1)$$

としましょう。さて，

> 放送太郎はケーキが好きである。
> 放送花子は饅頭が好きである。

(12.2)

という文章を考えましょう。これらの文章は（調査結果から判断すれ
ば）正しいか誤りであるかどちらか判断できます。このように正しいか
誤りであるか判断できるような文章は，命題と呼ばれます。調査結果
(12.1) から判断すると，

> 命題「放送太郎はケーキが好きである」は正しく，
> この命題を p とすれば，p は正しいとなります。
> 命題「放送花子は饅頭が好きである」は誤りで，
> この命題を q とすれば，q は誤りとなります。

　このように命題に名前を付けるのに，p や q などの文字を用いること
にする。命題 p が正しいとき，「p は成り立つ」あるいは「p はみたす（み
たされる）」などともいい，これらみな（表現の仕方は違うが）同じ意味
に解釈します。また p が誤りの（正しくない）とき，「p は成り立たない」
あるいは「p はみたさない（みたされない）」などともいい，全て同じ意
味です。例えば，

> 命題 p：「放送太郎はケーキが好きである」において，
> 放送太郎はケーキが好きならば，p は成り立ちます。
> 放送太郎はケーキが好きでないなら，p は成り立ちません。

調査結果 (12.1) によれば，p は成り立ちます。今後は「成り立つ」「成
り立たない」という表現を多くつかいます。

12.3　命題の否定

命題 p：「放送太郎はケーキが好きである」に対して
命題「放送太郎はケーキが好きでない」は
p の否定とよばれ ¬p で表します。
一般に命題 p に対して，「p は成り立たない」
ことを主張する（新たな）命題を ¬p で表します。すると
p が成り立たないときに，¬p が成り立ちます。　　　　　(12.3)

　¬p は「p でない」とも言うことにします。「…でない」という否定の
意味合いを記号 ¬ で表すのです。¬p は (¬p) と括弧をつけることも
あります。調査結果（12.1）によると（正しい，誤りという言い方で述
べれば），

　　p：「放送太郎はケーキが好きである」は正しいので，
　　¬p：「放送太郎はケーキが好きでない」は誤り。
　　q：「放送花子は饅頭が好きである」は誤りなので，
　　¬q：「放送花子は饅頭が好きでない」は正しい。

12.4　命題の積と和

　p：「放送太郎はケーキが好きである」と q：「放送花子は饅頭が好
きである」
で，「放送太郎はケーキが好きで，かつ，放送花子は饅頭が好きで
ある」
という命題を $p \land q$ で表します。一般に，命題 p, q に対して，
「p も q も両方成り立つ」を主張する（新たな）命題を

$p \wedge q$ で表し，命題 p と q の積といいます。すると

p も q も両方成り立つときに，命題 $p \wedge q$ が成り立ちます。

$p \wedge q$ を「p かつ q」とも言うことにします。「かつ」や「両方とも」という意味合いを記号 $\wedge$ で表すのです。次に，

p：「放送太郎はケーキが好きである」と q：「放送花子は饅頭が好きである」で

「放送太郎はケーキが好きか，放送花子は饅頭が好きか少なくとも一方が成り立つ」

という命題を $p \vee q$ で表します。一般に，命題 p, q に対して，

「p あるいは q の少なくとも一方が成り立つ」を主張する（新たな）命題を

$p \vee q$ で表し，p と q の和といいます。すると

p か q か少なくとも一方が成り立つときに，命題 $p \vee q$ が成り立ちます。

従って，p, q 両方成り立っていても，$p \vee q$ は成り立ちます。

$p \vee q$ を「p または q」とも言うことにします。「または」「あるいは」という意味合いを記号 $\vee$ で表すのです。今後は，「p あるいは q の少なくとも一方が成り立つ」ことを「p または q の一方が成り立つ」あるいは「p か q が成り立つ」などと簡単にいうことにします。誤解のないようにしましょう。調査結果（12.1）によると（正しい，誤りという言い方で述べれば），

p：「放送太郎はケーキが好きである」は正しく，

q：「放送花子は饅頭が好きである」は誤りなので，

$p \wedge q$ は誤りで，$p \vee q$ は正しい。

$p \wedge q$ や $p \vee q$ は，$(p \wedge q)$ や $(p \vee q)$ と括弧をつけるときもあります。12.3 節で，否定命題を表す記号 $\neg$ を導入しました。また本節では，命題の積と和を表す記号 $\wedge, \vee$ を導入しました。命題を表す記号 p, q から出発して，$\neg p$ や $p \wedge q$ そして $p \vee q$ といった複雑な命題を新たに構成したのです。

12.5 命題その 2

次に，

「x はケーキが好きである」という文章を考えましょう。ここで (12.4)

x は，放送大学の色々な学生（の名前）をとれる（動き回れる）ものとし， (12.5)

変数と呼ばれます。すなわち x は，放送太郎であったり，放送花子であったり，放送大学の学生の名前に自由に変化（変身）することができるわけです。(12.4) の文章は（このままでは）正しいか誤りかは判断できません。なぜなら x が具体的に誰であるかわからないからです。x を（具体的な）放送大学の学生の名前に置き換えれば（調査結果をつかい）(12.4) は正しいか否か判断できます。x を放送大学の学生の名前に置き換えることを，「x の値をきめる」といいます。また例えば x を「放送太郎」に置き換えることを，「x（の値）を放送太郎とする」といったり「$x =$ 放送太郎とする」といいます。我々は，(12.4) の形の文章も命題と呼ぶことにし，x についての命題，と呼ぶことにします（言い換えると，x についての性質を述べた文章です）。一方 12.2 節で述べた (12.2) の形の命題を，変数を含まない命題といったり，（より具体的にそれぞ

れ）放送太郎についての命題，放送花子についての命題，ということもあります。以上のことから，命題には，変数を含まない命題と含む命題の 2 種類あることになります。命題（12.4）に名前を付け $p(x)$ としましょう。これにより変数 x についての命題であることが読み取れます。ここで調査結果（12.1）によると，

> $p(x)$：「x はケーキが好きである」のとき，
> p（放送太郎）は，x の値を放送太郎として得られる命題
> 「放送太郎はケーキが好きである」を意味し，これは正しい。
> p（放送花子）は，x の値を放送花子として得られる命題
> 「放送花子はケーキが好きである」を意味し，これは誤り。

　上で述べた変数についてまとめると次のようになります。

> x は不特定の人を表す，そして
> 様々な学生の名前をとる（動く）ことができます

　次の例として，

$$x \text{ を（さまざまな）実数をとる変数とし，命題 } q(x)：x+2>3 \tag{12.6}$$

を考えましょう。もし $x=5$ なら，$q(5)$ は「$5+2>3$」を意味し，これは正しい命題です。しかし $x=-3$ とすると，$q(-3)$ は「$-3+2>3$」を意味し，これは誤った命題です。以上 2 つの例で（12.5）（12.6）からもわかるように，変数 x についての命題が与えられたときには，x がどのような値をとるか（どのような範囲を動くか）はあらかじめ決められていることが多いです。x についての命題を表わすのに，$p(x)$ や $q(x)$ などの表記を用いることにします。また，変数を表わす記号としては，x, y, z

などが用いられます。

12.6　集　合

　この章では集合について述べます。ものの集まりを集合とよびます。例えば，数1と数2からなる集まりは集合であり，{1,2} と表します。1や2をこの集合の要素（あるいは元）といいます。また1や2は集合 {1,2} に含まれるといいます。3は集合 {1,2} の要素ではありません（に含まれません）。放送大学の学生全体からなる集まりは集合であり，これを X と名前を付けると，各読者は（放送大学の学生であれば）この集合 X の要素である。自然数全体からなるものも集合であり，{0,1,2,3,...} あるいは N で表します（本書では特別に 0 も含めることにします）。数 0,1,2,3,... はこの集合の要素であり，これらの自然数は集合 N に含まれる。この集合は無限個の要素からなるので，**無限集合**とよびます。

　一般に，a が集合 A の**要素**（**元**）であるとき，これを $a \in A$ で表します。このとき，a は A に含まれる，あるいは A は a を含む，といいます。また b が集合 A の要素でないとき，これを $b \notin A$ あるいは $\neg (b \in A)$ で表します。このとき，b は A に含まれない，あるいは A は b を含まない，といいます。図に示すと図12.1のようになります。この図では集合 A は円形の（内側の）領域で表され，その内部にあるものが A の要素で，外側にあるものは A の要素ではありません。

　特別な場合として，何も要素をもたない集合を（特別に集合と見なし）**空集合**

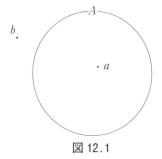

図 12.1

とよび ∅ で表します。従ってどんな a についても $a \notin \emptyset$ です。

例 12.2　自然数の集合 N において,

　　　　x がさまざまな自然数をとる変数であるとき, x を,
　　　　N の要素をとる変数, N 上を動く変数, N 上の変数

などといい, どれも同じ意味です。N の要素で偶数全体の集合を A とすると, $A=\{0,2,4,\ldots\}$ と書けますが, 括弧 { } 内の … は意味が「曖昧」とも思えます。偶数は 2 の倍数であるので, A を例えば,

$$A=\{x \mid \text{ある自然数 } y \text{ が存在して } x=2y \text{ となる }\}$$

と書くことにします。ここで x や y は N 上の変数です。上の式は, x, y は様々な自然数をとりますが, 特に $x=2y$ という式（性質）を満たすような, そういう x（偶数）をすべて集めて得られる集合という意味です。このとき,

$$x \text{ は偶数である } \Leftrightarrow x \in A$$

という関係が成り立ちます。つまり命題「x が偶数である」を満たすことと, x が集合 A の要素であることが同値（言い方は異なるが同じ意味）です。

例 12.3　放送大学の学生（の名前）全体からなる集合を X としましょう。上の例と同様に,

　　　　x が放送大学の学生の名前をとる変数であるとき, x を
　　　　X の要素をとる変数, X 上を動く変数, X 上の変数

などといいます。x を X 上の変数とします。例 12.1 において, 放送大

学の学生で,

　　ケーキが好きな人を集めて得られる集合は,
　　$\{x \mid x はケーキが好きである \}$

と書けます。上式は, x はケーキが好きである, そういう x をすべて集めて得られる集合という意味です。ここで命題 $p(x)$ を「x はケーキが好きである」とします。すると x はケーキが好きであることと, $p(x)$ をみたす（が成り立つ）ことは同じですから, 上の集合は,

　　$p(x)$ をみたす x を集めて得られる集合といっても同じで
　　$\{x \mid p(x) をみたす \}$ とも書けます

この集合を A とすれば,

　　　　x はケーキが好きである　$(p(x)$ をみたす$)$ $\Leftrightarrow$ $x \in A$

という関係が成り立ちます。すなわち命題 $p(x)$:「x はケーキが好きである」を満たすことと, x が集合 A の要素であることは同じ意味です。
　　　　　　　　　　　　　　　　　　　　　　　　　　　　　　　□

　上の2つの例を, 一般的にいい表すと次のようになります。x を（ある決められた範囲を動く）変数として, $p(x)$ を x についての命題としたとき,

　　　　$A = \{x \mid p(x) をみたす \}$ あるいは単に $A = \{x \mid p(x)\}$　　(12.7)

と書くことによって集合 A は, $p(x)$ という命題（性質）をみたすような x を集めて得られる集合（x からなる集合, x（全体）の集合, ともいいます）を表します。A を, 命題（条件）$p(x)$ によって定義される集合と

いいます。逆に $p(x)$ を，集合 A を定義する命題（条件式），あるいは簡単に集合 A の命題（条件式）といいます。そしてこのとき，

$$p(x) \text{ をみたす} \Leftrightarrow x \in A$$
$$(\text{簡単に，} p(x) \Leftrightarrow x \in A, \text{ とも書きます})$$
(12.8)

が成り立ちます。このように「$p(x)$ をみたす」は（集合の概念を使って）「x が A の要素である」ともいい表すことができるのです。上式は今後の議論で最も重要な関係式です。次の例で練習しましょう。

例 12.4　x を放送大学の学生全体の集合 X 上の変数とします。$p(x)$ を「x はケーキが好きである」，$q(x)$ を「x は饅頭が好きである」とします。例 12.3 でも考えたように，

ケーキが好きな人からなる集合 A は，
$p(x)$ を満たす x からなる集合といっても同じで，
$A=\{x \mid p(x)\}$ で，$p(x)$（を満たす）$\Leftrightarrow x \in A$，が成り立つ

饅頭が好きな人からなる集合 B は，
$q(x)$ を満たす x からなる集合といっても同じで，
$B=\{x \mid q(x)\}$ で，$q(x)$（を満たす）$\Leftrightarrow x \in B$，が成り立つ

ケーキが好きでない人からなる集合 C は
$\neg p(x)$ を満たす x 全体の集合といっても同じで，
$C=\{x \mid \neg p(x)\}$ で，$\neg p(x)$（を満たす）$\Leftrightarrow x \in C$

饅頭が好きでない人からなる集合 D は
$\neg q(x)$ を満たす x 全体の集合といっても同じで，
$D=\{x \mid \neg q(x)\}$ で，$\neg q(x)$（を満たす）$\Leftrightarrow x \in D$

ケーキも饅頭も好きな人からなる集合 E は,

$p(x) \land q(x)$ を満たす x の集合といっても同じで,

$E = \{x \mid p(x) \land q(x)\}$ で, $p(x) \land q(x) \Leftrightarrow x \in E$

ケーキか饅頭が好きな人からなる集合 F は,

$p(x) \lor q(x)$ を満たす x の集合といっても同じで,

$F = \{x \mid p(x) \lor q(x)\}$ で, $p(x) \lor q(x) \Leftrightarrow x \in F$

練習 12.1 ⅰ. 自然数の集合で,奇数全体の集合を条件式を使った方法で表現しなさい。

ⅱ. 11 以上の奇数全体の集合を条件式を使った方法で表現しなさい。

練習 12.1 解答例。

（ⅰ）$\{x \mid$ ある自然数 y が存在して $x = 2y+1\}$

（ⅱ）$\{x \mid x \geq 11$ かつ,ある自然数 y が存在して $x = 2y+1\}$

12.7　部分集合と補集合

$A = \{1,2,3\}, B = \{1,2,3,4,5,6\}$ とすれば,集合 A の（すべての）要素は集合 B の要素でもあります（図 12.2 左図参照）。

一般に,

集合 A の（すべての）要素が集合 B の要素でもあるとき,

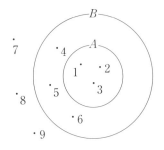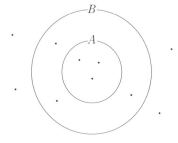

図 12.2

集合 A を B の**部分集合**といい，$A \subseteq B$（あるいは $B \supseteq A$）で表します。 (12.9)

図 12.2 右図に示すと次のように，集合 B で表される円形の領域の内部に集合 A で表される円形が入ります。

ここで，

> 「集合 A の（すべての）要素 x は集合 B の要素でもある」は
> 「集合 A の<u>どんな</u>要素 x についても，x は B の要素でもある」
> と同じ意味で簡単に「$x \in A$ ならば $x \in B$」と書いてもよいですが，
> 強調するときは「<u>どんな</u> $x \in A$ についても，$x \in B$」や
> 「<u>任意の</u>（各々の，全ての）$x \in A$ について，$x \in B$」や
> 「<u>任意の</u> x について，$x \in A$ ならば $x \in B$」とも書きます。

これら全て同じ意味とし，このような表現に慣れるようにしておきましょう。また，$A \subseteq B$ を表す図 12.2 右図をみてもわかるように，上記条件「集合 A の（すべての）要素が集合 B の要素でもある」は「集合 B の外側にある（すべての）要素は集合 A の外側にある」といっても同じことです。これを式でかけば「（任意の x について）$x \notin B$ ならば $x \notin A$」となります。よって以下の 3 つはすべて同値となります。

$$A \subseteq B \Leftrightarrow$$
$$x \in A \text{ ならば } x \in B \Leftrightarrow \qquad (12.10)$$
$$x \notin B \text{ ならば } x \notin A$$

次に，2 つの集合 A と B が等しい（$A = B$）とは，

A と B が（全く）同じ要素から成り立っているときをいいます。

すなわち「(任意の x について) $x \in A \Leftrightarrow x \in B$」のときです。

(12.11)

言い換えると「x が A の要素であることと，x が B の要素であることが同値である」ときです。従って $A = B$ のときでも (12.9) より $A \subseteq B$ といえます。

□

$X = \{1,2,3,4,5,6,7\}$，$A = \{4,5,6,7\}$ とすると，A は X の部分集合です。集合 X に含まれ，A に含まれない要素全体の集合 C は，$C = \{1,2,3\}$ です（図 12.3 左図参照）。

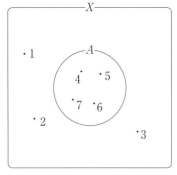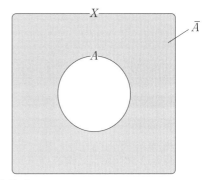

図 12.3

一般に，集合 $A \subseteq X$ が与えられたとき，

X の要素で，A に含まれない要素からなる集合を
$X - A$ で表し，(X における) A の**補集合**といいます。
すなわち $X - A = \{x \mid x \in X$ で $x \notin A\}$ となります

集合 X を明記する必要のないときは，$X - A$ を $\bar{A}$ と書くことが多いです。すなわち，

$\bar{A}$ は，A に含まれない要素からなる集合で，
$\bar{A} = \{x \mid \neg(x \in A)\} = \{x \mid x \notin A\}$

(12.12)

補集合 $\overline{A}$ は，図 12.3 右図のように，集合 A の表す部分を除いた（A を表す円形の部分の外側の）領域で表されます。

例 12.5　放送大学の学生全体の集合を X とします。変数 x は集合 X 上を動くものとします。(12.7)，(12.8)（あるいは例 12.4）を思い出すと，

$p(x)$：「x はケーキが好きである」とすると，

ケーキが好きな人からなる集合 A は $A = \{x \mid p(x)\}$。

このときケーキが好きでない人からなる集合は補集合 $\overline{A}$ で，

例 12.4 より，$\overline{A} = \{x \mid \neg p(x)\}$。

一般に，$A = \{x \mid p(x)\}$ のとき，A の補集合 $\overline{A} = \{x \mid \neg p(x)\}$[*2]。

よって

A を定義する命題を $p(x)$ とすれば，補集合 $\overline{A}$ を定義する命題は否定 $\neg p(x)$。

(12.8) より，$x \in A \Leftrightarrow p(x)$ や，$x \notin A \Leftrightarrow x \in \overline{A} \Leftrightarrow \neg p(x)$，が成り立ちます。

12.8　集合の積と和

$A = \{1,2,3,4,5\}$，$B = \{3,4,5,6,7\}$ とします。集合 A と集合 B の両方に含まれる要素全体の集合 C は $C = \{3,4,5\}$ です（図 12.4 左図参照）。

一般に，集合 A, B において，

A と B の両方に含まれる要素からなる集合[*3]を $A \cap B$ で表し，

A と B の**積集合**といいます。　　　　　　　　　　　　　(12.13)

すなわち $A \cap B = \{x \mid x \in A \wedge x \in B\}$

[*2] 左辺の補集合の記号 ‾・ に対して，右辺の条件式の「否定 ¬」が対応していると理解すればよいでしょう。

[*3] すなわち A の要素であり（かつ）B の要素でもある，そういう要素からなる集合です。

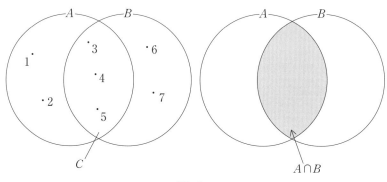

図12.4

です。$A \cap B$ は図に表すと，図 12.4 の右図のように，A を表す部分（A の内側）と B を表す部分（B の内側）の共通の部分で，陰の部分です。

特別な場合として例えば，A を偶数の集合，B を奇数の集合としたとき，$A \cap B$ は何も要素をもたない集合，つまり空集合です。

例 12.6　例 12.1 で，放送大学の学生全体の集合を X とします。変数 x は集合 X 上を動くものとします。

> $p(x)$：「x はケーキが好きである」，ケーキが好きな人の集合 $A = \{x \mid p(x)\}$
> $q(x)$：「x は饅頭が好きである」，饅頭が好きな人の集合 $B = \{x \mid q(x)\}$
> このとき，ケーキも饅頭も好きな人からなる集合は $A \cap B$ で，
> 例 12.4 より，$A \cap B = \{x \mid p(x) \wedge q(x)\}$
> 一般に，$A = \{x \mid p(x)\}$，$B = \{x \mid q(x)\}$ のとき，$A \cap B = \{x \mid p(x) \wedge q(x)\}$[4] で，
> A, B を定義する命題が $p(x), q(x)$ なら，<u>積集合</u> $A \cap B$ を定義する命題は<u>積</u> $p(x) \wedge q(x)$。

---

[4] 左辺の $\cap$ に対して右辺の「かつ $\wedge$」が対応していると理解すればよいでしょう。

(12.8) より，$x \in A \cap B \Leftrightarrow p(x) \wedge q(x)$ をみたす，が成り立ちます。

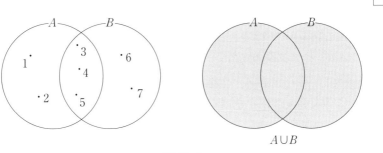

図 12.5

$A = \{1,2,3,4,5\}$，$B = \{3,4,5,6,7\}$ とします。集合 A か集合 B の少なくともどちらか一方に含まれる要素全体の集合 C は $C = \{1,2,3,4,5,6,7\}$ です（図 12.5 左図参照）。

一般に，集合 A, B において，

> A か B の少なくとも一方に含まれる要素全体の集合[*5]を $A \cup B$ で表し，A と B の**和集合**（あるいは A と B の union）といいます。すなわち，$A \cup B = \{x \mid x \in A \vee x \in B\}$　　　　　(12.14)

です。今後は「A か B の少なくとも一方に含まれる」を「A か B（の一方）に含まれる」や「A あるいは B に含まれる」などと簡単に言い表すことにします。誤解のないようにしましょう。$A \cup B$ は図に表すと，図 12.5 の右図のように，A を表す部分（A の内側）と B を表す部分（B の内側）を合わせた部分で，陰の部分全体です。

[*5] A の要素であるかあるいは B の要素であるか少なくとも一方をみたす，そういう要素からなる集合です。

例 12.7 例 12.1 で，放送大学の学生全体の集合を X とします。変数 x は集合 X 上を動くものとします。

> $p(x)$：「x はケーキが好きである」，ケーキが好きな人の集合 $A=\{x \mid p(x)\}$
>
> $q(x)$：「x は饅頭が好きである」，饅頭が好きな人の集合 $B=\{x \mid q(x)\}$
>
> このとき，ケーキか饅頭が好きな人からなる集合は $A \cup B$ で，
>
> 例 12.4 より，$A \cup B=\{x \mid p(x) \vee q(x)\}$
>
> 一般に，$A=\{x \mid p(x)\}$，$B=\{x \mid q(x)\}$ のとき，$A \cup B=\{x \mid p(x) \vee q(x)\}$[*6]で，
>
> A, B を定義する命題が $p(x), q(x)$ なら，<u>和集合</u> $A \cup B$ を定義する命題は<u>和</u> $p(x) \vee q(x)$。
>
> (12.8) より，$x \in A \cup B \Leftrightarrow p(x) \vee q(x)$，が成り立ちます。

練習 12.2 A を日本国民全体の集合，B を放送大学の学生全体の集合とします。

　ⅰ．$A \cap B$ はどのような集合か。

　ⅱ．$A \cup B$ はどのような集合か。

　ⅲ．$A - B$ はどのような集合か。

　練習 12.2 解答例。放送大学の学生には外国人もいることに注意しましょう。

（ⅰ）日本国民なおかつ放送大学の学生全体の集合。（ⅱ）日本国民かあるいは放送大学の学生である（少なくともどちらか一方を満たす）人全体の集合（注。この集合には日本国民でしかも放送大学の学生である人も含みます）。（ⅲ）日本国民であるが放送大学の学生ではない人全体

[*6] 左辺の ∪ に対して右辺の「あるいは ∨」が対応していると理解すればよいでしょう。

の集合。

12.9　命題とその表す集合

例 12.6 と例 12.7 をまとめましょう。

> ケーキが好きな人の集合 $A=\{x \mid p(x)\}$
> 饅頭が好きな人の集合 $B=\{x \mid q(x)\}$，このとき
> ケーキも（かつ）饅頭も好きな人（$p(x) \wedge q(x)$ をみたす x）
> の集合は $A \cap B=\{x \mid p(x) \wedge q(x)\}$　　　　　　　　　　(12.15)
> (12.8) より $x \in A \cap B \Leftrightarrow p(x) \wedge q(x)$。また　　　　　　(12.16)
> ケーキか（あるいは）饅頭が好きな人（$p(x) \vee q(x)$ をみたす x）
> の集合は $A \cup B=\{x \mid p(x) \vee q(x)\}$　　　　　　　　　　(12.17)
> (12.8) より，$x \in A \cup B \Leftrightarrow p(x) \vee q(x)$。　　　　　　　(12.18)

　(12.15)，(12.16) をみてわかるように左側の集合の $\cap$ に対して右側の式では $\wedge$ が対応しています。また，(12.17)，(12.18) をみてわかるように左側の集合の $\cup$ に対して右側の式では $\vee$ が対応しています。以下の場合も（A, B や $p(x), q(x)$ の形は違っても）同様に考えます。

> ケーキが好きな人の集合 $A=\{x \mid p(x)\}$
> 饅頭が好きでない人の集合 $\bar{B}=\{x \mid \neg q(x)\}$，このとき
> ケーキが好きで（かつ）饅頭は好きでない人（$p(x) \wedge (\neg q(x))$ を
> みたす x）
> の集合は $A \cap \bar{B}=\{x \mid p(x) \wedge (\neg q(x))\}$。
> 　(12.8) より，$x \in A \cap \bar{B} \Leftrightarrow p(x) \wedge (\neg q(x))$ をみたします。また
> ケーキが好きか（あるいは）饅頭が好きでない人（$p(x) \vee$

$(\neg q(x))$ をみたす $x)$

の集合は $A \cup \bar{B} = \{x \mid p(x) \vee (\neg q(x))\}$。

そして $x \in A \cup \bar{B} \Leftrightarrow p(x) \vee (\neg q(x))$ をみたします。

　全体集合 X とその部分集合 A, B において，集合 $A \cap \bar{B}$ と $A \cup \bar{B}$ を図示しましょう。$A \cap \bar{B}$ は，A で表される部分（A の内側）と $\bar{B}$ で表される部分（B の外側）の共通部分です。$A \cup \bar{B}$ は，集合 A で表される部分（A の内側）と集合 $\bar{B}$ で表される部分（B の外側）を合わせた部分です。

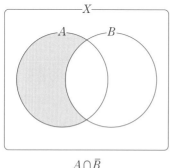

$A \cap \bar{B}$

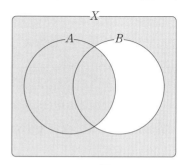

$A \cup \bar{B}$

図 12.6

　ケーキが好きでない人の集合 $\bar{A} = \{x \mid \neg p(x)\}$

　饅頭が好きな人の集合 $B = \{x \mid q(x)\}$，このとき

　ケーキは好きでなく（かつ）饅頭が好きな人（$((\neg p(x)) \wedge q(x)$ をみたす $x)$

　の集合は $\bar{A} \cap B = \{x \mid (\neg p(x)) \wedge q(x)\}$。

　(12.8) より，$x \in \bar{A} \cap B \Leftrightarrow (\neg p(x)) \wedge q(x)$。また

　ケーキが好きでないか（あるいは）饅頭が好きな人（$((\neg p(x)) \vee q(x)$ をみたす $x)$

　の集合は $\bar{A} \cup B = \{x \mid (\neg p(x)) \vee q(x)\}$。

そして $x \in \bar{A} \cup B \Leftrightarrow (\neg p(x)) \vee q(x)$。

$\bar{A} \cap B$ は，集合 $\bar{A}$ で表される部分（A の外側）と集合 B で表される部分（B の内側）の共通部分です。$\bar{A} \cup B$ は，集合 $\bar{A}$ で表される部分（A の外側）と集合 B で表される部分（B の内側）を合わせた部分です。

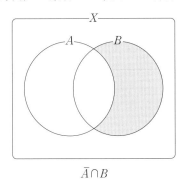 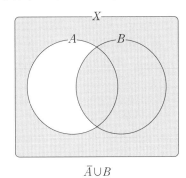

図 12.7

ケーキが好きでない人の集合 $\bar{A} = \{x \mid \neg p(x)\}$
饅頭が好きでない人の集合 $\bar{B} = \{x \mid \neg q(x)\}$，このとき
ケーキも（かつ）饅頭も好きでない人（$((\neg p(x)) \wedge (\neg q(x))$ をみたす x）

の集合は $\bar{A} \cap \bar{B} = \{x \mid (\neg p(x)) \wedge (\neg q(x))\}$。　　　(12.19)

(12.8) より，$x \in \bar{A} \cap \bar{B} \Leftrightarrow (\neg p(x)) \wedge (\neg q(x))$。また　(12.20)

ケーキか（あるいは）饅頭が好きでない人（$((\neg p(x)) \vee (\neg q(x))$ をみたす x）

の集合は $\bar{A} \cup \bar{B} = \{x \mid (\neg p(x)) \vee (\neg q(x))\}$。　　　(12.21)

そして $x \in \bar{A} \cup \bar{B} \Leftrightarrow (\neg p(x)) \vee (\neg q(x))$。　　　(12.22)

$\bar{A} \cap \bar{B}$ は，集合 $\bar{A}$ で表される部分（A の外側）と集合 $\bar{B}$ で表される部

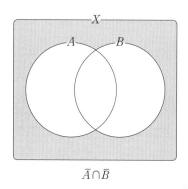 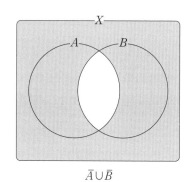

$$\overline{A} \cap \overline{B} \qquad\qquad \overline{A} \cup \overline{B}$$

図 12.8

分（B の外側）の共通部分です。$\overline{A} \cup \overline{B}$ は，集合 $\overline{A}$ で表される部分（A の外側）と集合 $\overline{B}$ で表される部分（B の外側）を合わせた部分です。

12.10　ド・モルガンの法則その 1

X を全体集合としその部分集合 A, B に対して，$A \cap B$（図 12.4 参照）の補集合 $\overline{A \cap B}$ は，図 12.9 左図で表されます。

ところがこの左図で表される集合は，図 12.8 でみたように，$\overline{A} \cup \overline{B}$ に等しいです。よって

$$\overline{A \cap B} = \overline{A} \cup \overline{B} \tag{12.23}$$

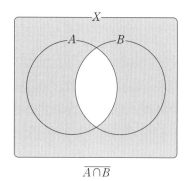 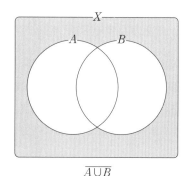

$$\overline{A \cap B} \qquad\qquad \overline{A \cup B}$$

図 12.9

　同様に $A \cup B$（図 12.5 参照）の補集合 $\overline{A \cup B}$ は，図 12.9 右図で表されます。ところがこの右図で表される集合は，図 12.8 でみたように，$\overline{A} \cap \overline{B}$ に等しいです。よって

$$\overline{A \cup B} = \overline{A} \cap \overline{B} \tag{12.24}$$

となります。(12.23)，(12.24) より

$$\overline{A \cap B} = \overline{A} \cup \overline{B}$$
$$\overline{A \cup B} = \overline{A} \cap \overline{B} \tag{12.25}$$

となりますが，これらを（集合における）ド・モルガンの法則といいます。次のように覚えればいいでしょう。最初の式は，積集合 $A \cap B$ の補集合 $\overline{A \cap B}$ は，各集合の補集合 $\overline{A}, \overline{B}$ の和集合 $\overline{A} \cup \overline{B}$ に等しい。2 番目の式も同様に，和集合 $A \cup B$ の補集合 $\overline{A \cup B}$ は，各集合の補集合 $\overline{A}, \overline{B}$ の積集合 $\overline{A} \cap \overline{B}$ に等しい。

13 | 数学（2）数学の基本思考

隈部正博

《**目標＆ポイント**》いわゆる「集合と論理」の分野は，高等学校では扱われないか，扱われたとしても簡単に済まされてきた過去があります。しかし大学では，高等学校で既に学んでいるからとの理由で常識的なものとして授業が進められます。高等学校では数学はなるべく日常語で話されますが，大学では数学の言葉で話されます。このギャップの大きさゆえ，大学数学が敬遠されてしまいました。このような理由により，前回に引き続き数学の言葉とその論理性を考え，それらを通して数学の基本思考を身につけます。
《**キーワード**》すべて，ある，必要条件，十分条件，対偶，背理法

13.1　ド・モルガンの法則その2

例 12.1 で，放送大学の各学生がケーキや饅頭が好きか否かの調査結果に注目しましょう。すると放送大学の学生を次の4種類のタイプに分けることができます。

> ケーキが好きで，饅頭も好きである
> ケーキが好きだが，饅頭は好きでない
> ケーキが好きでないが，饅頭は好きである
> ケーキが好きでなく，饅頭も好きでない

このことを次のように言い換えましょう。放送大学の学生を表す変数を x とすると，x は次のどれかをみたします。

x はケーキが好きで，かつ，x は饅頭が好きである

x はケーキが好きで，かつ，x は饅頭が好きでない

x はケーキが好きでなく，かつ，x は饅頭が好きである

x はケーキが好きでなく，かつ，x は饅頭が好きでない

いつものように $p(x)$：「x はケーキが好きである」，$q(x)$：「x は饅頭が好きである」とすると，放送大学の学生 x は，次の 4 つの命題のどれかを満たします[1]：

$p(x) \wedge q(x)$，（ケーキも饅頭も好きである）

$p(x) \wedge (\neg q(x))$，（ケーキが好きだが饅頭は好きでない）

$(\neg p(x)) \wedge q(x)$，（ケーキが好きでないが饅頭は好きで　(13.1)　ある）

$(\neg p(x)) \wedge (\neg q(x))$，（ケーキも饅頭も好きでない）

このとき，

$\neg(p(x) \wedge q(x))$[2] が成り立つ $\Leftrightarrow$（(12.3) より）

$p(x) \wedge q(x)$ が成り立たない $\Leftrightarrow$

(13.1) の第 1 行目が成り立たない $\Leftrightarrow$

(13.1) の第 2,3,4 行目のどれかが成り立つ $\Leftrightarrow$[3]（一言でいえば）

$\neg p(x)$ か $\neg q(x)$ 少なくとも一方が成り立つ $\Leftrightarrow$

$(\neg p(x)) \vee (\neg q(x))$ が成り立つ

（このように同値な事柄に次々変形していき）従って

---

[1] 調査結果 (12.1) によると，例えば，$x=$ 放送太郎のとき，放送太郎はケーキも饅頭も好きだから $p(x) \wedge q(x)$ が成り立ちます。また $x=$ 放送花子のとき，放送花子はケーキも饅頭も好きでないから $(\neg p(x)) \wedge (\neg q(x))$ が成り立ちます。

[2] 命題 $p(x) \wedge q(x)$ に括弧をつけ 1 つの命題とみて，その上で否定をとっています。

[3] (13.1) の 2 行目では $\neg q(x)$ が成り立ちます。3 行目では $\neg p(x)$ が成り立ちます。4 行目では $\neg p(x)$，$\neg q(x)$ 共に成り立ちます。いずれにせよ $\neg p(x)$ か $\neg q(x)$ 少なくとも一方が成り立っています。

$$\neg\,(p(x) \wedge q(x)) \;\Leftrightarrow\; (\neg p(x)) \vee (\neg q(x))$$

とくに $p(x), q(x)$ が変数 x を含まない場合は　　　　　　　　　　(13.2)

$$\neg\,(p \wedge q) \;\Leftrightarrow\; (\neg p) \vee (\neg q)$$

となります。つまり $\neg\,(p \wedge q)$（をみたすこと）と $(\neg p) \vee (\neg q)$（をみたすこと）は同値（同じ意味）です。これは（論理における）ド・モルガンの法則とよばれます。

コメント 13.1　命題 $p \wedge q$ は「p も q も両方成り立つ」ことを意味します。この命題の否定 $\neg\,(p \wedge q)$ は，単に「成り立つ」を「成り立たない」に変えて「p も q も両方成り立たない」となるでしょうか。そうではありません。これでは否定の解釈として強すぎます。上の議論によると，正しくは $(\neg p) \vee (\neg q)$ すなわち「p が成り立たないかあるいは q が成り立たない」です。上の誤りを避けるには，$\neg\,(p \wedge q)$ をまず『「p も q も両方成り立つ」ということではない』と考えてみましょう。これは（よく考えると）「p が成り立たないかあるいは q が成り立たない」という意味になります。このように「否定をとること」すなわち「否定の解釈」には注意が必要です。例えば p：「放送太郎はケーキが好きである」，q：「放送太郎は饅頭が好きである」としたとき，$p \wedge q$：「放送太郎はケーキも饅頭も好きである」の否定 $\neg\,(p \wedge q)$ は，「放送太郎はケーキも饅頭も好きでない」ではありません。これでは「放送太郎はケーキも好きでなく，饅頭も好きでない」という意味になってしまい，否定の解釈として強すぎます。正しくは『「放送太郎はケーキも饅頭も好きである」ということではない』と考えて，「放送太郎はケーキが好きでないかあるいは饅頭が好きでない（の少なくとも一方が成り立つ）」すなわち $(\neg p) \vee (\neg q)$ となります。具体例だけを理解するだけでなく，抽象的に理解することも大切です。

コメント 13.2　$\neg(p \wedge q)$ と $(\neg p) \vee (\neg q)$ は同じ意味で，$(\neg p) \wedge q$ とは異なる意味です。従って $\neg p \wedge q$ と書いてはいけません。これでは，$\neg(p \wedge q)$ か $(\neg p) \wedge q$ のどちらを意味するか分かりません。括弧を適切につけて誤解のないようにしましょう。

練習 13.1　ある保険の加入条件が「80 歳以上で健康でない人は保険に入れないが，それ以外の人は入れる」といいます。保険に入れるのはどんな人でしょうか。

　練習 13.1 解答例。答えは，80 歳未満かあるいは健康な人は保険に入れます。従って 90 歳でも健康な人は保険に入れるし，75 歳なら健康でなくても保険に入れます。

これを今までの議論をつかって考えてみましょう。

x を人を表す変数として，

　命題 $p(x)$：「x は 80 歳以上である」　命題 $q(x)$：「x は健康でない」

とします。上記加入条件より，$p(x) \wedge q(x)$ を満たす x が保険に入れません。従って保険に入れる人は，その否定 $\neg(p(x) \wedge q(x))$ で，ド・モルガンの法則 (13.2) を使えば，$(\neg p(x)) \vee (\neg q(x))$ と同値です。すなわち，80 歳未満（$\neg p(x)$）かあるいは健康な人（$\neg q(x)$）は保険に入れることになります。

□

　こんどは (13.1) において，

　　$\neg(p(x) \vee q(x))$ が成り立つ $\Leftrightarrow$

　　$p(x) \vee q(x)$ が成り立たない $\Leftrightarrow$ [*4]

[*4]　(13.1) の 1 行目では $p(x), q(x)$ 共に成り立ちます。2 行目では $p(x)$ が成り立ちます。3 行目では $q(x)$ が成り立ちます。よって上の第 1,2,3 行目の<u>どれかが成り立つ</u>ということは，$p(x)$ か $q(x)$ 少なくとも一方が成り立つということであり，式で書けば $p(x) \vee q(x)$ が成り立つということです。従って「$p(x) \vee q(x)$ が成り立たない」は第 1,2,3 行目の<u>どれも成り立たない</u>ことを意味します。

(13.1) の第 1, 2, 3 行目どれも成り立たない ⇔

(13.1) の第 4 行目が成り立つ ⇔

$(\neg p(x)) \wedge (\neg q(x))$ が成り立つ

よって

$\neg (p(x) \vee q(x)) \Leftrightarrow (\neg p(x)) \wedge (\neg q(x))$

とくに $p(x), q(x)$ が変数 x を含まない場合は　　　　　　　　　(13.3)

$\neg (p \vee q) \Leftrightarrow (\neg p) \wedge (\neg q)$

となります。つまり $\neg (p \vee q)$ （をみたすこと）と $(\neg p) \wedge (\neg q)$ （をみたすこと）は同値（同じ意味）です。これも（論理における）ド・モルガンの法則とよばれます。

コメント 13.3　命題 $p \vee q$ は「p か q どちらかが<u>成り立つ</u>」ことを意味します。この命題の否定 $\neg (p \vee q)$ は，単に「成り立つ」を「成り立たない」に変えて「p か q どちらかが<u>成り立たない</u>」となるでしょうか。そうではありません。これでは否定の解釈として（今度は）弱すぎます。上の議論によると正しくは $(\neg p) \wedge (\neg q)$ すなわち「p が成り立たないし（しかも）q も成り立たない」です。上の誤りを避けるには，$\neg (p \vee q)$ をまず『「p か q どちらかが成り立つ」<u>ということではない</u>』と考えてみましょう。これは（よく考えると）「p が成り立たないし（しかも）q も成り立たない」という意味になります。例えば p：「放送太郎はケーキが好きである」，q：「放送太郎は饅頭が好きである」としたとき，$p \vee q$：「放送太郎はケーキか饅頭どちらかが好きである」の否定 $\neg (p \vee q)$ は，「放送太郎はケーキか饅頭どちらかが好きでない」ではありません。これでは「放送太郎はケーキも好きでないか，あるいは饅頭が好きでない」という意味になってしまい，否定の解釈として弱すぎます。正しくは『「放

送太郎はケーキか饅頭どちらかが好きである」ということではない』と
考えて，「放送太郎はケーキが好きでなく，さらに饅頭も好きでない」す
なわち $(\neg p) \wedge (\neg q)$ となります。

　命題 $p \wedge q$ は $p \vee q$ より（$\vee$ が $\wedge$ に変わったという意味で）強い内容
です。同様に，$(\neg p) \wedge (\neg q)$ は $(\neg p) \vee (\neg q)$ より強い内容です。これ
を前提にして，上記またコメント 13.1 は次のように解釈してもよいで
しょう。強い内容 $p \wedge q$ の否定は弱い内容 $(\neg p) \vee (\neg q)$ になり，逆に弱
い内容 $p \vee q$ の否定は，強い内容 $(\neg p) \wedge (\neg q)$ となります。

コメント 13.4　コメント（13.2）と同様ですが，$\neg(p \vee q)$ と $(\neg p) \wedge$
$(\neg q)$ は同じ意味で，$(\neg p) \vee q$ とは異なる意味です。従って $\neg p \vee q$ と
書いてはいけません。これでは，$\neg(p \vee q)$ か $(\neg p) \vee q$ のどちらを意味
するか分からない。括弧を適切につけて誤解のないようにしましょう。

練習 13.2　ある保険の加入条件が「80 歳以下か健康な人ならば保険に
入れる」といいます。保険に入れないのはどんな人でしょうか。

　練習 13.2 解答例。答えは，81 歳以上でしかも健康でない人は保険に
入れないのですが，今までの議論をつかって考えてみましょう。
x を人を表す変数として，

命題 $p(x)$:「x は 80 歳以下である」　命題 $q(x)$:「x は健康である」

とします。上記加入条件より，$p(x) \vee q(x)$ を満たす x が保険に入れま
す。従って保険に入れない人は，その否定 $\neg(p(x) \vee q(x))$ で，ド・モル
ガンの法則（13.3）を使えば，$(\neg p(x)) \wedge (\neg q(x))$ と同値です。すなわ
ち，81 歳以上 $(\neg p(x))$ でしかも健康でない人 $(\neg q(x))$ は保険に入れ
ないことになります。従って 90 歳でも健康な人は保険に入れます。

□

(13.2), (13.3) のド・モルガンの法則を並べて書くと,

$$\neg(p \wedge q) \Leftrightarrow (\neg p) \vee (\neg q)$$

$$\neg(p \vee q) \Leftrightarrow (\neg p) \wedge (\neg q)$$

となります。これは次のように覚えればいいでしょう。最初の式は, 命題の積 $p \wedge q$ (全体) の否定 $\neg(p \wedge q)$ は, 各命題の否定 $\neg p$, $\neg q$ の和 $(\neg p) \vee (\neg q)$ と同値です。2番目の式も同様に, 命題の和 $p \vee q$ (全体) の否定 $\neg(p \vee q)$ は, 各命題の否定 $\neg p$, $\neg q$ の積 $(\neg p) \wedge (\neg q)$ と同値です。

次節ではド・モルガンの法則を別の角度から導きます。

13.2 補 足

集合 A, B が, 条件式 $p(x), q(x)$ を用いて,

$A = \{x \mid p(x)\}$, $B = \{x \mid q(x)\}$ であるとき (12.15) より (13.4)
$A \cap B = \{x \mid p(x) \wedge q(x)\}$, ここで注釈 12.1 の考え方より [*5]
$\overline{A \cap B} = \{x \mid \neg(p(x) \wedge q(x))\}$, よって (12.8) より
$x \in \overline{A \cap B} \Leftrightarrow \neg(p(x) \wedge q(x))$, 同様に (12.21), (12.22) より

(13.5)

$\bar{A} \cup \bar{B} = \{x \mid (\neg p(x)) \vee (\neg q(x))\}$, また
$x \in \bar{A} \cup \bar{B} \Leftrightarrow (\neg p(x)) \vee (\neg q(x))$ (13.6)

以上より, まず集合におけるド・モルガンの法則 (12.25) から,

$\overline{A \cap B} = \bar{A} \cup \bar{B}$, ここで (12.11) より,

---

[*5] 左辺で $A \cap B$ の補集合をとることは, 右辺では命題 $p(x) \wedge q(x)$ の否定をとることに対応します。命題 $p(x) \wedge q(x)$ を (まとめて) 1つの命題とみて, この否定をとるのだから $(p(x) \wedge q(x))$ と括弧を付けたうえで, 否定記号をつけました。

$x \in \overline{A \cap B} \Leftrightarrow x \in \overline{A} \cup \overline{B}$，（13.5），（13.6）の右辺で置き換えて[*6]
$$\neg(p(x) \wedge q(x)) \Leftrightarrow (\neg p(x)) \vee (\neg q(x)) \tag{13.7}$$

これは（13.2）で得られた論理におけるド・モルガンの法則です。同様に，

$A = \{x \mid p(x)\}$，$B = \{x \mid q(x)\}$ であるとき（12.17）より
$A \cup B = \{x \mid p(x) \vee q(x)\}$，ここで注釈12.1の考え方より
$\overline{A \cup B} = \{x \mid \neg(p(x) \vee q(x))\}$，よって（12.8）より
$x \in \overline{A \cup B} \Leftrightarrow \neg(p(x) \vee q(x))$　同様に（12.19），（12.20）より
$$\tag{13.8}$$

$\overline{A} \cap \overline{B} = \{x \mid (\neg p(x)) \wedge (\neg q(x))\}$，また
$$x \in \overline{A} \cap \overline{B} \Leftrightarrow (\neg p(x)) \wedge (\neg q(x)) \tag{13.9}$$

以上より，まず集合におけるド・モルガンの法則（12.25）から，

$\overline{A \cup B} = \overline{A} \cap \overline{B}$，ここで（12.11）より，
$x \in \overline{A \cup B} \Leftrightarrow x \in \overline{A} \cap \overline{B}$，さらに（13.8），（13.9）より
$$\neg(p(x) \vee q(x)) \Leftrightarrow (\neg p(x)) \wedge (\neg q(x)) \tag{13.10}$$

となります。これは（13.3）で得られた論理におけるド・モルガンの法則です。このように，集合におけるド・モルガンの法則（12.25）を用いて，論理におけるド・モルガンの法則を導いたのです。ただこの場合 $p(x), q(x)$ が変数 x を含まない命題のときは，上記集合 A, B を考えることができず，従って集合におけるド・モルガンの法則も使えないので，上記の議論は成り立ちません。これが補足として述べた理由です。

[*6] このように同値なものどうしは自由に置き換えられます。

13.3 「すべて」と「ある」を表す記号

放送大学生の集合を全体集合として考えます。そして命題「放送大学の学生はみんなケーキが好きである」を考えましょう。これは放送大学のどの学生も（例外なく）ケーキが好きであることを意味しています。いつものように，x を放送大学の学生を動く変数とし，命題 $p(x)$ を「x はケーキが好きである」とすれば，

> 放送大学のどの学生もケーキが好きである ⇔
>
> 放送大学の各々の学生はケーキが好きである ⇔
>
> 放送大学の全ての学生はケーキが好きである ⇔
>
> すべての（任意の）x において $p(x)$ が成り立つ

上記の 4 つは（表現の仕方は異なるが）どれも同じ意味とします。そこで記号 ∀ を導入して，$\forall x$ を「すべての（任意の）x において」と読んで（という意味に解釈して），

> 命題「すべての x において $p(x)$ が成り立つ」を $\forall x p(x)$ とかく

ことにします。もちろんこれは $\forall y p(y)$ とかいても同じ意味です。変数として x を用いても y を用いても意味は変わりません。∀ は全称記号と呼ばれます。すると，命題 $\forall x (\neg p(x))$ は，すべての x において $p(x)$ が成り立たない，を意味します。

□

今度は，命題「ケーキが好きな人がいる」を考えましょう。これはケーキが好きな人が（放送大学生の中に）<u>存在</u>していることを意味しています。つまりケーキが好きな人が<u>一人でも存在</u>すれば，上の命題は正

しくなります。すると，

　　　ケーキが好きな人がいる ⇔

　　　$p(x)$ が成り立つような x が（少なくとも一人）存在する ⇔

　　　ある x が（少なくとも一人）存在して $p(x)$ が成り立つ

　上記の3つは（表現の仕方は異なるが）どれも同じ意味とします。そこで記号 ∃ を導入して，∃x を「ある x が存在して」と読んで（という意味に解釈して），

　　　命題「ある x が存在して $p(x)$ が成り立つ」を ∃$xp(x)$ とかく

ことにします。もちろんこれは，∃$yp(y)$ とかいても同じことです。∃ は存在記号と呼ばれます。すると，命題 ∃$x(\neg p(x))$ は，ある x が存在して $p(x)$ が成り立たない（$p(x)$ が成り立たないような x が（少なくとも1つ）存在する）を意味します。

13.4　命題の否定

　命題 ∀$xp(x)$ は「すべての x において $p(x)$ が成り立つ」を意味しました。この命題の否定 ¬（∀$xp(x)$）[*7]はどういう意味でしょうか。単に「成り立つ」を「成り立たない」に変えて「すべての x において $p(x)$ が成り立たない」すなわち「すべての x において ¬$p(x)$ が成り立つ」という意味でしょうか。そうではありません。これでは否定の解釈として強すぎます。正しく解釈するには，¬（∀$xp(x)$）をまず『「すべての x において $p(x)$ が成り立つ」ということではない』と考えてみましょう。これは（よく考えると）「$p(x)$ が成り立たないような x が（少なくとも1つ）存在する」という意味になります。言い換えると「ある x が存在し

　[*7]　∀$xp(x)$ を1つの命題とみていることを示すため（∀$xp(x)$）と括弧をつけ，そのうえで（誤解のないよう）否定をとっています。

て，$p(x)$ が成り立たない」という意味で，$\exists x(\neg p(x))$ となります。すなわち，

$$\neg(\forall x p(x)) \Leftrightarrow \exists x(\neg p(x)) \tag{13.11}$$

となります。例えば，「全ての人はケーキが好きである」の否定は，「全ての人はケーキが好きでない」ではありません。これでは否定の解釈として強すぎます。正しくは，『「全ての人はケーキが好きである」ということではない』と考えて「ケーキが好きでない人が（例外として）少なくとも一人いる」となります。

コメント 13.5 命題 $\forall x p(x)$ が成り立たないことは $\neg(\forall x p(x))$ が成り立つことで，(13.11) より，$\exists x(\neg p(x))$ と同値です。これは $p(x)$ が成り立たないような x が（少なくとも 1 つ）存在することを示しています。このような x は（命題 $\forall x p(x)$ が成り立たないことを示す）反例と呼ばれます。上の例でいえば，「全ての人はケーキが好きである」が成り立たないことを示すには，ケーキが好きでない人が一人でもいることを示せばよく，このような人が反例となります。

$\square$

次に，命題 $\exists x p(x)$ は「ある x が存在して $p(x)$ が成り立つ」を意味しました。この命題の否定 $\neg(\exists x p(x))$ はどういう意味でしょうか。単に「成り立つ」を「成り立たない」に変えて「ある x が存在して $p(x)$ が成り立たない」すなわち「ある x が存在して $\neg p(x)$ が成り立つ」という意味でしょうか。そうではありません。これでは否定の解釈として（今度は）弱すぎます。正しく解釈するには，$\neg(\exists x p(x))$ をまず『「ある x が存在して $p(x)$ が成り立つ」ということではない』，すなわち『「$p(x)$ が成り立つような x が（少なくとも 1 つ）存在する」ということで

はない』と考えてみましょう。するとこれは，「$p(x)$ が成り立つような x が（1つも）存在しない」すなわち，「どのような x においても $p(x)$ が成り立たない」という意味で，$\forall x(\neg p(x))$ となります。すなわち，

$$\neg(\exists x p(x)) \Leftrightarrow \forall x(\neg p(x)) \tag{13.12}$$

となります。例えば，「ある人が存在してケーキが好きである」の否定は「ある人が存在してケーキが好きでない」ではありません。これでは否定の解釈として（今度は）弱すぎます。正しくは，『「ある人が存在してケーキが好きである」ということではない』すなわち『「ケーキが好きなひとが（少なくとも一人）存在する」ということではない』となります。言い換えると，「ケーキが好きな人が（一人も）存在しない」つまり「全ての人はケーキが好きでない」です。具体例だけを理解するだけでなく，抽象的に理解することも大切です。

　以上（13.11），（13.12）より，

$$\neg(\forall x p(x)) \Leftrightarrow \exists x(\neg p(x))$$
$$\neg(\exists x p(x)) \Leftrightarrow \forall x(\neg p(x))$$

が成り立ちます。これらもド・モルガンの法則と呼ばれることがあり，次のように覚えればいいでしょう。最初の式は，全称記号 $\forall$ の前に否定の記号 $\neg$ をつけた命題 $\neg(\forall x p(x))$ の意味は，否定の記号を全称記号のなかに（内側に）移動させ（そのかわり）全称記号を存在記号に書き換えた命題 $\exists x(\neg p(x))$ と同値です。2番目の式も同様に，存在記号 $\exists$ の前に否定の記号 $\neg$ をつけた命題 $\neg(\exists x p(x))$ の意味は，否定の記号を存在記号のなかに（内側に）移動させ（そのかわり）存在記号を全称記号に書き換えた命題 $\forall x(\neg p(x))$ と同値です。

13.5　必要条件と十分条件

放送大学生の集合を全体集合とし，x を放送大学の学生を動く変数とします。そして命題 $s(x)$ を「x は甘いものが<u>全て</u>好きである」とします。ここで「甘いものが全て好きである」の意味は「ケーキや饅頭，チョコレートなど甘いものが<u>どれも好きである</u>」こととします[8]。さて3つの命題（条件）と，それにより定義される集合，

$$p(x)：x はケーキが好きである，A=\{x \mid p(x)\}$$
$$q(x)：x は饅頭が好きである，B=\{x \mid q(x)\}$$
$$s(x)：x は甘いものが全て好きである，S=\{x \mid s(x)\}$$

を考えましょう。甘いものが全て好きな人の集合 S は，ケーキが好きな人の集合 A の部分集合です。また S は，饅頭が好きな人の集合 B の部分集合です。

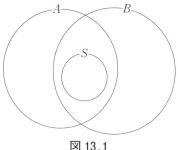

図 13.1

コメント 13.6　念のため（12.10）に従い $S \subseteq A$ を確認すれば，

「x は甘いものが全て好きである」ならば「x はケーキが好きである」

よって $s(x)$ ならば $p(x)$ $(s(x) \Rightarrow p(x))$ が成り立ちます。ここで（12.8）より

$x \in S=\{x \mid s(x)\}$ ならば $x \in A=\{x \mid p(x)\}$，です。

よって（12.10）より，$S \subseteq A$ となります[9]。

---

[8]　従って $s(x)$ の否定は「x は（ケーキや饅頭，チョコレートなど）甘いものが<u>全ては</u>好きでない」すなわち，「甘いもので嫌いなものが（一つは）存在する」となります。

[9]　このように，$s(x) \Rightarrow p(x)$ が成り立つことと，$S=\{x \mid s(x)\} \subseteq A=\{x \mid p(x)\}$ となることは同値です。

　条件 $s(x)$ は甘いものが全て好きということだから（この意味におい<u>て</u>）$p(x)$ に比べて強い条件です。従って強い条件 $s(x)$ からより弱い条件 $p(x)$ が導かれる，つまり $s(x) \Rightarrow p(x)$ が成り立ちます。集合 $S=\{x \mid s(x)\}$ の要素は強い条件 $s(x)$ を満たしており，一方集合 $A=\{x \mid p(x)\}$ の要素はより弱い条件 $p(x)$ を満たしているので，S は A より小さい集合，すなわち S は A の部分集合となるのです。

練習 13.3　同様の考え方で，$s(x) \Rightarrow q(x)$ と $S \subseteq B$ が成り立つことを確かめなさい。

　練習 13.3 解答。「x は甘いものが全て好きである」ならば「x は饅頭が好きである」ことに気づけば，上の議論で $p(x)$ を $q(x)$ に置き換えればよいです。

□

　　x が，$s(x)$：x は甘いもの全て好きである，という（強い）条件を<u>満たすためには</u>，
　　（より弱い）条件 $p(x)$：x はケーキが好きである，を<u>満たすことは必要である</u>[10]
　　従って条件 $s(x)$ を満たすためには，$p(x)$ は必要（な）条件であるといいます　　　　　　　　　　　　　　　　　　　　(13.13)

練習 13.4　同様に，条件 $s(x)$ を満たすためには，$q(x)$ は必要（な）条件であることを確かめなさい。

　練習 13.4 解答。上の議論で，$p(x)$ を $q(x)$ に置き換えればよいです。

□

　つまり，強い条件 $s(x)$ を満たすためには（それより）弱い条件 $p(x)$

---

[10] x がケーキが好きでないならば（当然）「甘いものが全て好きである」とはなりません。

（や $q(x)$）を満たすことは必要なのです。このとき $s(x) \Rightarrow p(x)$（また s $(x) \Rightarrow q(x)$）が成り立ちます，すなわち強い条件 $s(x)$ から弱い条件 $p(x)$（や $q(x)$）が導かれます。以上の議論をまとめて，一般に，

> $s(x)$ ならば $p(x)$（$s(x) \Rightarrow p(x)$）が成り立つとき，
> （強い条件 $s(x)$ から弱い条件 $p(x)$ が導かれることを意味しているから）
> $s(x)$ を満たすためには，$p(x)$ は必要（な）条件といいます
>
> $\hfill (13.14)$

今度は，（13.13）とは逆に，

> x が，$p(x)$：x はケーキが好きである，という（弱い）条件を満たすためには，
> （より強い）条件 $s(x)$：x は甘いもの全てが好きである，を満たせば十分である。
> 従って $p(x)$ を満たすためには，$s(x)$ は十分（な）条件であるといいます

練習 13.5 同様に，条件 $q(x)$ を満たすためには，$s(x)$ は十分（な）条件であることを確かめなさい。

練習 13.5 解答。上の議論で，$p(x)$ を $q(x)$ に置き換えればよいです。

$\hfill \square$

つまり，弱い条件 $p(x)$（や $q(x)$）を満たすためには，より強い条件 $s(x)$ を満たしていれば十分なのです。このとき $s(x) \Rightarrow p(x)$（また $s(x) \Rightarrow q(x)$）が成り立ちます，すなわち強い条件 $s(x)$ から弱い条件 p (x)（や $q(x)$）が導かれます。以上の議論をまとめて，一般に，

$s(x)$ ならば $p(x)$（$s(x) \Rightarrow p(x)$）が成り立つとき，

（強い条件 $s(x)$ から弱い条件 $p(x)$ が導かれることを意味しているから）

$p(x)$ を満たすためには，$s(x)$ は十分（な）条件といいます

(13.15)

以上（13.14），（13.15）をまとめて，

$s(x)$ ならば $p(x)$（$s(x) \Rightarrow p(x)$）が成り立つとき，

（強い条件 $s(x)$ から弱い条件 $p(x)$ が導かれることを意味しているから）

$s(x)$ を満たすためには，$p(x)$ は必要（な）条件で，

$p(x)$ を満たすためには，$s(x)$ は十分（な）条件である[*11]

(13.16)

となります。すると，

$s(x) \Rightarrow p(x)$ のとき，条件 $s(x)$ を満たすためには $p(x)$ は必要条件。

$p(x) \Rightarrow s(x)$ のとき，条件 $s(x)$ を満たすためには $p(x)$ は十分条件[*12]。

もし $s(x)$ と $p(x)$ が同値（$s(x) \Leftrightarrow p(x)$）ならば，上記 2 つより，

$s(x)$ を満たすためには，$p(x)$ は必要でかつ十分（必要十分）な条件

です。つまり「必要十分な条件」とは「同値な条件」のことです。これは（今までの言い方を使えば）強さが同じ条件と思ってもよいでしょう。

今度は命題 $r(x)$ を「x は甘いものがどれか好きである」とします。こ

[*11] この 2 つを混同しないように注意。言い換えると，$\Rightarrow$ の左側の（強い）条件 $s(x)$ を満たすためには，$\Rightarrow$ の右側の（弱い）条件 $p(x)$ は必要条件です。また $\Rightarrow$ の右側の（弱い）条件 $p(x)$ を満たすためには，$\Rightarrow$ の左側の（強い）条件 $s(x)$ は十分条件です。

[*12] $\Rightarrow$ の右側 $s(x)$ を満たすためには，$\Rightarrow$ の左側 $p(x)$ は十分条件です。注釈 *11 参照。

こで「甘いものがどれか好きである」の意味は「ケーキや饅頭，チョコレートなど甘いものがどれか 1 つは好きである」こととします[13]。さて 3 つの命題（条件）と，それにより定義される集合，

$$p(x)：x はケーキが好きである，A=\{x \mid p(x)\}$$
$$q(x)：x は饅頭が好きである，B=\{x \mid q(x)\}$$
$$r(x)：x は甘いものがどれか好きである，R=\{x \mid r(x)\}$$

を考えましょう。ケーキが好きな人の集合 A は，甘いものがどれか好きな人の集合 R の部分集合です。また饅頭が好きな人の集合 B は，R の部分集合です。

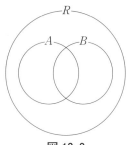

図 13.2

コメント 13.7 念のため (12.10) に従い $A \subseteq R$ を確認すれば，

「x はケーキが好きである」ならば「x は甘いものがどれか好きである」
よって $p(x)$ ならば $r(x)$ （$p(x) \Rightarrow r(x)$）が成り立ちます。ここで (12.8) より
$x \in A=\{x \mid p(x)\}$ ならば $x \in R=\{x \mid r(x)\}$，です。
よって (12.10) より，$A \subseteq R$ となります[14]。

条件 $p(x)$ は（甘いものの中でとくに）ケーキが好きということだから（この意味において）$r(x)$ に比べて強い条件です（とみることができます）。従って強い条件 $p(x)$ からより弱い条件 $r(x)$ が導かれる，つまり $p(x) \Rightarrow r(x)$ が成り立ちます。集合 $A=\{x \mid p(x)\}$ の要素は強い条件 $p(x)$ を満たしており，一方集合 $R=\{x \mid r(x)\}$ の要素はより弱い条件 r

---

[13] 従って $r(x)$ の否定は「x は（ケーキや饅頭，チョコレートなど）甘いものがどれも好きでない」となります。

[14] このように，$p(x) \Rightarrow r(x)$ が成り立つことと，$A=\{x \mid p(x)\} \subseteq R=\{x \mid r(x)\}$ となることとは同値です。

(x) を満たしているので，A は R より小さい集合，すなわち A は R の部分集合となるのです。

練習 13.6 同様の考え方で，$q(x) \Rightarrow r(x)$ と $B \subseteq R$ が成り立つことを確かめなさい。

練習 13.6 解答。「x は饅頭が好きである」ならば「x は甘いものがどれか好きである」ことに気づけば，上の議論で $p(x)$ を $q(x)$ に置き換えればよいです。

$\square$

(13.16) と同様に，

> $p(x) \Rightarrow r(x)$ が成り立ち，これは
> 強い条件 $p(x)$ から弱い条件 $r(x)$ が導かれることを意味しているから，
> 条件 $p(x)$ を満たすためには，条件 $r(x)$ は必要（な）条件です。また
> 条件 $r(x)$ を満たすためには，条件 $p(x)$ は十分（な）条件です。
> (13.17)

練習 13.7 同様に，条件 $q(x)$ を満たすためには，$r(x)$ は必要（な）条件であることを確かめなさい。また，条件 $r(x)$ を満たすためには，$q(x)$ は十分（な）条件であることを確かめなさい。

練習 13.7 解答。上の議論で，$p(x)$ を $q(x)$ に置き換えればよいです。

練習 13.8 ある保険の加入条件が「80 歳以下か健康な人ならば保険に入れる」といいます。この加入条件をみたすためには，(1) 40 歳以下で

あること，(2) 90 歳以下か健康であること，はそれぞれどのような条件となるでしょうか。

　練習 13.8 解答。答えは (1) は必要条件ではありませんが，十分条件，(2) は必要条件ですが，十分条件ではありません。これを今までの議論をつかって考えてみましょう。x を人を表す変数として，

　　$p(x)$：「x は 40 歳以下である」，$q(x)$：「x は 90 歳以下か健康である」とすると
　　加入条件 $r(x)$：「x は 80 歳以下か健康である」を満たすためには
　　（$r(x) \Rightarrow p(x)$ は成り立たないから）$p(x)$ は必要条件ではなく，
　　（$p(x) \Rightarrow r(x)$ は成り立つから）$p(x)$ は十分条件です。また，
　　（$r(x) \Rightarrow q(x)$ は成り立つから）$q(x)$ は必要条件です。
　　（$q(x) \Rightarrow r(x)$ は成り立たないから*15）$q(x)$ は十分条件ではありません。

13.6　対　偶

　$A=\{x \mid p(x)\}$, $B=\{x \mid q(x)\}$ と定義されるとき，(12.12) より $\overline{A}=\{x \mid \neg p(x)\}$, $\overline{B}=\{x \mid \neg q(x)\}$ だから，(12.8)，(12.10) より以下はみな同値です。

$$A \subseteq B \Leftrightarrow$$
$$x \in A \text{ ならば } x \in B \Leftrightarrow p(x) \text{ ならば } q(x) \Leftrightarrow \qquad (13.18)$$
$$x \notin B \text{ ならば } x \notin A \Leftrightarrow \neg q(x) \text{ ならば } \neg p(x)$$

　とくに，「$p(x)$ ならば $q(x)$」と「$\neg q(x)$ ならば $\neg p(x)$」とは同値です。後者を前者の対偶といいます。従って，

---

*15 例えば，x が「85 歳で，健康でない」ときは，$q(x)$ をみたしますが $r(x)$ はみたしません。これは，$q(x) \Rightarrow r(x)$ が成り立たない例となります。

「$p(x)$ ならば $q(x)$」を証明するには，
その対偶「$\neg q(x)$ ならば $\neg p(x)$」を証明してもよい　　　(13.19)

例 13.1　n を自然数とします。n^2 が奇数のとき，n は奇数であることを証明しましょう。$p(n)$ を「n^2 が奇数」，$q(n)$ を「n は奇数」とします。我々は「$p(n)$ ならば $q(n)$」を証明したいのです。この対偶「$\neg q(n)$ ならば $\neg p(n)$」を証明しましょう。$\neg q(n)$ は「n は奇数でない」つまり「n は偶数である」でこれを仮定します。このとき $n=2k$ という形で表されます。すると $n^2=4k^2$ となり，n^2 は偶数です。従って n^2 は奇数でない，つまり $\neg p(n)$ が成り立ちます。よって「$\neg q(n)$ ならば $\neg p(n)$」が成り立ち，従って「$p(n)$ ならば $q(n)$」が証明できました。

練習 13.9　n を自然数とします。n^2 が 3 で割って余りが 1 のとき，n は 3 では割り切れないことを証明しなさい。

　練習 13.9 解答例。$p(n)$ を「n^2 が 3 で割って余りが 1」，$q(n)$ を「n は 3 では割り切れない」とします。我々は「$p(n)$ ならば $q(n)$」を証明したいのです。この対偶「$\neg q(n)$ ならば $\neg p(n)$」を証明しましょう。$\neg q(n)$ は「n は 3 で割り切れる」で，これを仮定します。このとき $n=3k$ という形で表されます。すると $n^2=9k^2$ となり，n^2 は 3 で割り切れます。従って $\neg p(n)$ が成り立ちます。よって「$\neg q(n)$ ならば $\neg p(n)$」が成り立ち，従って「$p(n)$ ならば $q(n)$」が証明できました。

13.7　背理法

　命題 p において，$\neg p$ が成り立つことは，p が成り立たないことを意味します。従って，p も $\neg p$ も両方成り立つとき「矛盾する」といいます。

数学の世界ではつぎの事柄が大前提となっています。

任意の命題 p において，p か $\neg p$ の一方のみが成り立つ (13.20)

これより「p もその否定 $\neg p$ も両方成り立つ，そういうことはない」ことになり，すなわち (13.20) は，数学の世界は矛盾しないことをも意味しています。

さて命題 p が成り立つことを証明したいとしましょう。このとき，仮に $\neg p$ （p が成り立たないこと）を仮定して，議論を進め何らかの矛盾が得られたとします。数学の世界では矛盾は許されませんから，これは最初の仮定 $\neg p$ が間違っていた（$\neg p$ が成り立たない）ことになります。すると (13.20) より，p が成り立つと結論づけられます。

同様にこんどは，p が成り立たないことを証明したいとしましょう。このとき，仮に p が成り立つと仮定して，議論を進め矛盾が得られれば，これは最初の仮定 p が間違っていた（成り立たない）ことになります。すると (13.20) より，$\neg p$ が成り立つ（p が成り立たない）と結論づけられます。このような論法を背理法といいます。

有理数とは（分母分子を整数として）分数の形で表される数をいいます。無理数とは有理数でない数，すなわち分数の形で表されない数のことです。

例 13.2

$\sqrt{3}$ が無理数であることを仮定し，$\sqrt{3}+2$ も無理数であること

$$(13.21)$$

を証明しましょう。まず (13.21) より，$\sqrt{3}$ が無理数（これを p とする）であることを仮定します。そのもとで，背理法をつかいます。この例で

は命題 q を「$\sqrt{3}+2$ が無理数」とし，q を証明したい。すると $\neg q$ は「$\sqrt{3}+2$ は無理数でない」つまり「$\sqrt{3}+2$ は有理数」となります。そこで $\neg q$ すなわち「$\sqrt{3}+2$ が有理数」を仮定して矛盾を導き（背理法により）q を証明するのです。$\sqrt{3}+2$ が有理数であれば，

　　ある自然数 a, b が存在して，$\sqrt{3}+2=\dfrac{a}{b}$ 　$(b \neq 0)$

と分数で表すことができます。よって，

$$\sqrt{3}=\frac{a}{b}-2=\frac{a-2b}{b}$$

となって，$\sqrt{3}$ が（分数の形で表され）有理数（命題 $\neg p$ をみたす）ということになり，(13.21) の仮定「$\sqrt{3}$ が無理数」（命題 p）と矛盾します。$\neg q$ を仮定して（$\neg p$ を導き，(13.21) の仮定 p と）矛盾が得られましたから，背理法により q が成り立ち，すなわち「$\sqrt{3}+2$ は無理数」となります。

□

　例 13.2 で p, q に関する議論の部分を追っていくと，次の一般的な事柄に気づきます。

　　　　「p ならば q」を証明したい。そこでまず p を仮定し　(13.22)

このもとで q が成り立つことを証明したいわけです。ここで，

　　　$\neg q$ が成り立つと仮定して（議論を進め）$\neg p$ が得られた

(13.23)

としましょう。これは (13.22) における我々の仮定 p と矛盾です。（これは上記 $\neg q$ を仮定して（議論を進めたから）矛盾が得られたわけで）

従って背理法により q が成り立つことになり，(13.22) の仮定 p と合わせて，「p ならば q」が得られました。まとめると，(13.23) すなわち「$\neg q$ ならば $\neg p$」が証明されれば，(13.22) の目的すなわち「p ならば q」を証明したことになるのです。従って変数を含まない命題においても，(13.19) と同様に，

「p ならば q」を証明するには，

その対偶「$\neg q$ ならば $\neg p$」を証明してもよい

14 | 自然科学と数学

岸根順一郎　大森聡一　二河成男　安池智一

《**目標＆ポイント**》近代科学の特徴は，実験・観測と数理の結びつきを通して法則を読み取ることです。このため，自然科学のあらゆる分野で数理的な手法が使われます。数理的とはどういうことでしょうか。具体的にどのようなアプローチがとられるのでしょうか。自然科学の各分野で，実際に数理がどのように活用されるのでしょうか。

《**キーワード**》モデル化，微分積分，微分方程式，感染症

··

14.1　モデル化と数理

岸根順一郎

14.1.1　数理の役割

現象のモデル化

　第1章で，実験・観測を数理と結びつけて自然現象から法則性を読み取っていく方法が近代科学の特徴である点を強調しました。これは自然科学の諸分野に共通の方法論ですから，数理との結びつきも分野を問いません。本章では，数理の発想が自然科学のいろいろな場面で横糸のように現れる様子を紹介します。

　自然科学で数理が果たす最大の役割は現象のモデル化でしょう。惑星の運動を考える際，太陽と惑星を万有引力で引き合う粒子（質点）として扱います。もちろん，実際には惑星は粒子ではありません。大きさがあり内部構造を持ちます。しかし惑星の軌道運動を問題にする限りそういった属性は捨象し，惑星を質点として理想化します。これが数理モデ

ルです。

　現象をモデル化して数学的に息を吹き込むことで，実際に実験しなくとも結果をシミュレーションすることができます。未来予測が可能となるのです。「息を吹き込む」ためのもっとも一般的な方法は，着目する量の変化を記述する微分方程式を立ててこれを解くことです。微分方程式についてはこの後で紹介します。天体の運動，化学反応，流体の運動，感染症の拡大，株価の変動，地震波や津波の伝搬といった実に多様な現象が微分方程式によってモデル化できます。COVID-19 では，くしゃみや会話による飛沫のシミュレーションが防疫対策に大きく貢献しました。これは複雑な流体運動をコンピューター上で再現したものです。

自然科学と数学の結びつき

　自然科学と数学が結びつく例はまだまだ枚挙にいとまがありません。今世紀に入って，膨大な情報がインターネットを通して世界を駆け巡る時代が到来しています。情報から現象の本質を読み取るには，統計と数理の知識が欠かせません。この後詳しく紹介するように，COVID-19 のデータ分析と感染動向の予想に当たっても，数理モデルが多くの指針を与えています。ウィルスという目に見えない極微の敵と相対するには，ウィルス自体の構造や機能といったミクロな視点と，人類という大きな母集団に対するマクロな統計的視点がともに重要です。そして，これらの視点はともに実験・観察と数学が結びつくことで具体化されるのです。

　日常生活とは無縁に見える抽象的な数学が，経済・金融や産業技術と直接結びつく例もいろいろあります。例えば，水に浮かべた花粉がランダムに運動するブラウン運動を数学的に記述しようとすると，小刻みに不規則変動する量を微分積分学の中に組み込まねばなりません。そのよ

うな動機で発展した確率過程論と呼ばれる純粋数学の成果が，株式市場や為替市場での価格変動の数理モデルとして活用され，数理ファイナンスという新しい分野につながっています。図14.1に，数学的なランダム過程（幾何学的ブラウン運動）と，ある企業の実際の株式変動の様子を示します。両者がとてもよく似ていることが判ると思います。

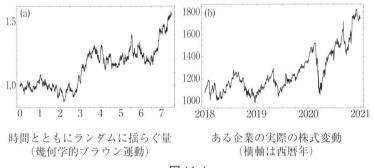

時間とともにランダムに揺らぐ量　　　ある企業の実際の株式変動
　（幾何学的ブラウン運動）　　　　　　（横軸は西暦年）

図 14.1

　また，3次元空間の物体をコンピュータ上に再現して自在に動かして見せるCGの技術には，ベクトルや行列はもちろんのこと，群論[*1]やハミルトンの四元数[*2]といった，産業技術とはかけ離れたところでひっそりと生み出された純粋数学の力も活用されています。インターネットセキュリティの技術では，応用と最も縁遠いと思われてきた整数論が重要な役割を果たしています。複雑な自然現象を読み解き，これをモデル化し，コンピューター上で再現していくことは今後の科学技術の柱となるでしょう。そのうえで，数学の果たす役割はますます重要になっています。

[*1]　数論，代数方程式論，幾何学を融合する数学の一大分野。方程式の解の研究に端を発し，物体の幾何学的対称性や運動を分類・記述する上でも必須のもの。

[*2]　ハミルトンが1843年に提唱したもの。複素数の拡張。

14.1.2 微分方程式で変化を読み解く

運動の法則

　数学は近代科学革命よりはるか以前，エジプト，バビロニアの昔に遡る 4000 年以上の歴史を持つ最古の学問のひとつです。ヒッパルコスは紀元前 2 世紀に三角関数の数表を作っていました。未知数を x, y といった文字で表すやり方は 3 世紀頃，ディオファントスに遡ります。9 世紀のアラビア数学は代数学の基礎になっています。科学革命の起きた 16 世紀後半の段階で，数学的道具立てはかなりそろっていたといえます。しかし，自然現象の記述を動機として数学自体が開発され始めたのはやはりニュートン以降のことです。位置や速度の瞬間的な変化を記述するために微分法が開発されました。微分積分学はその後，物体の運動だけでなく統計的な現象を予測するためにも応用されていきます。

　10.2 節で述べたように，物体に力を加えると加速度が発生します。加速度とは速度が時間とともに変化する割合です。さらに，速度とは物体の位置が変化する割合です。一直線に運動する物体の位置を指定するには座標系を使います。直線に沿って定規を当て，目盛りを座標として読むわけです。位置の座標は時間の関数として $x(t)$ と書けます。ガリレオの斜面の実験でいうと，$x(t)$ は t の 2 次関数として $x(t) = ct^2$ と書けます[*3]。c は定数です。時刻 t での位置 $x(t)$ と，直後の時刻 $t + \Delta t$ での位置 $x(t + \Delta t)$ の差を

$$\Delta x = x(t + \Delta t) - x(t) \tag{14.1}$$

と書き，これを**差分**と呼びます。そして，時間間隔 Δt を限りなくゼロに近づけた場合にこれを**微分**といいます。これは瞬間的な位置の変化を表します。ここで重要なのは，Δt をゼロに近づけるとつられて Δx もゼロに近づきますが，$\Delta x / \Delta t$ はゼロにならないということです。ガリ

[*3] 時刻の原点を $t = 0$ とし，時刻 0 での物体の位置を $x = 0$ としています。

レオ実験の場合について確かめてみましょう。$x(t)=ct^2$ を（14.1）に当てはめると

$$\Delta x = c(t+\Delta t)^2 - t^2 = 2ct\Delta t + (\Delta t)^2$$

です。これを Δt で割ると

$$\frac{\Delta x}{\Delta t} = 2ct + \Delta t$$

です。こうしておいて Δt を限りなくゼロに近づけると，$\Delta x/\Delta t$ は $2ct$ になります。これが**瞬間速度**です。瞬間速度を $v(t)$ と書き，以上の操作を

$$v(t) = \lim_{\Delta t \to 0}\frac{\Delta x}{\Delta t} = \frac{dx}{dt} \tag{14.2}$$

と表します。$\lim_{\Delta t \to 0}$ は，Δt を限りなくゼロに近づける操作を意味します。dx/dt を x の**導関数**あるいは時刻 t での**微分係数**といいます。「速度は位置の時間微分である」と簡単に言い表すのが一般的です。次に加速度ですが，これは速度 $v(t)$ の時間微分です。つまり**瞬間加速度** $a(t)$ は

$$a(t) = \frac{dv}{dt} = \frac{d^2x}{dt^2} \tag{14.3}$$

となります。最右辺の d^2x/dt^2 は，x を微分して得られる v をさらにもう一度微分することを表しています。ガリレオ実験の場合，$a(t)=2c$ です。かくして，運動方程式（10.2）は

$$m\frac{d^2x}{dt^2} = F \tag{14.4}$$

という**微分方程式**の形に書くことができます。微分方程式とは，未知の関数の導関数を含む方程式のことです。時刻 $t=0$ で物体がどの位置からどんな速度で運動を開始したかという情報（**初期条件**）を与えれば，

この方程式を満たす関数として $x(t)$ を完全に決定することができます。これは，未来の運動を予測することにほかなりません[*4]。

感染症の数理モデル

運動方程式の場合，法則が微分方程式の形ですでに与えられました。これに対し，現象の本質を描き出す微分方程式を '仕立てる' こともできます。典型例として，感染症の数理モデルとしてよく知られる SIR モデルを取り上げましょう[*5]。S は全人口のうちまだ感染していない人，つまり感染可能性を持つ人の割合で，Susceptible の頭文字です。I は感染者の割合（Infected の頭文字），最後に R は回復して免疫を持つ人の割合（Recovered の頭文字）です。このモデルでは，簡単に

$$S+I+R=1 \tag{14.5}$$

つまり，ある時刻（瞬間）で全人口が必ず S か I か R のいずれかに分類されると仮定します。

ここから S, I, R が満たす微分方程式を仕立ててみましょう。まずは S が変化する割合，つまり時間微分 dS/dt が何で決まるか考えましょう。当たり前のことですが，感染者 I がゼロなら S は変わりません。誰もが誰にもうつさないからです。逆に I が大きくなると S の減りが大きくなります。これより dS/dt が $-I$ に比例すると予想できます。なぜマイナスがつくかですが，dS/dt がプラスだと S は増大してしまいます。感染者がいるのに未感染者だけ増えるというのはあり得ません。このためマイナスがつくわけです。ところで，S か I のいずれかがゼロならや

[*4] 微分に慣れている方へ：F が一定の場合の解は $x(t)=\dfrac{F}{2m}t^2+v_0t+x_0$ （x_0 は $t=0$ での位置，v_0 は $t=0$ での速度）となります。これは，いわゆる「等加速度運動の公式」と呼ばれるものです。

[*5] 1927 年にケルマックとマッケンドリックが提唱したモデルです。感染症の数理モデルとして単純かつ本質を捉えたものです。2019 年末に始まった新型コロナウイルス感染症（COVID-19）の感染動向分析とも関連して多くの研究がなされていますので，関心を持った方は調べてみるとよいでしょう。

はり S は不変です[*6]。これより，$S=0$ なら $dS/dt=0$ であるべきです。このことは，dS/dt が単に $-I$ でなく，$-IS$ に比例すると考えれば説明がつきます。そして比例係数を β とすれば，以上の考察を

$$\frac{dS}{dt} = -\beta SI \tag{14.6}$$

という微分方程式にまとめることができます。

　次に R を考えます。感染した人 I のうち，一定の割合で回復するわけです。ここに S は絡みません（感染しなければ回復とは無関係）。これを式にすると

$$\frac{dR}{dt} = \gamma I \tag{14.7}$$

です。γ は正の比例定数です。最後に，最も関心のある感染者数の変化率 dI/dt はどうなるでしょう。これは実はとても簡単です。(14.5) より S, I, R の和は時間変化しないのです（そう仮定している）。これより

$$\frac{dS}{dt} + \frac{dI}{dt} + \frac{dR}{dt} = 0 \tag{14.8}$$

ここに (14.6)，(14.7) を代入すると

$$\frac{dI}{dt} = \beta SI - \gamma I \tag{14.9}$$

となります。(14.6)，(14.7)，(14.9) は，S, I, R が互いに関係しながら変化する仕組みを記述する一組の連立微分方程式です。これが SIR モデルです。

　感染症の動向の何よりの関心は，初期段階で感染者が増えるかどうかです。時刻 $t=0$ で dI/dt がプラスになってしまうと，感染者がいきなり増え始めます。$t=0$ での S と I の値（初期条件）をそれぞれ S_0, I_0 とすれば，この条件は $\beta S_0 I_0 - \gamma I_0 > 0$ つまり

[*6] こういう極端な（はじめに全人口が感染する，あるいは感染者ゼロ！）例を考えることは，微分方程式を立てるうえでとても役立ちます。

$$R_0 = \frac{\beta S_0}{\gamma} > 1 \tag{14.10}$$

となります。ここに導入した R_0 は，基本再生産数[*7]と呼ばれるものに対応します。より現実的に，未感染の人すべてが感染するとは限らないことなどを考慮して R_0 を修正したものが実効再生産数 R です。COVID-19 の感染拡大に伴う緊急事態宣言の解除基準として，実効再生産数が1未満で推移することが目安とされたことは記憶に新しいところです。

さて，(14.6)，(14.7)，(14.9) はコンピューターを使えば簡単に解くことができます。図 14.2 に解の一例を示します。これは初期条件として，人口の1%が感染したとし，基本再生産数 $R_0=5$（かなり高め）にセットした場合の結果です。横軸は時間ですが，ここでは単位を指定していません。ここでは感染開始からの日数だと思っておいて構いません。グラフから，約1週間後に感染ピークが起きることが予想できます。もちろん，結果は初期条件や基本再生産数の値によって大きく変わります。これらをどう見極めるかは人間の判断によらねばなりません。

ここで示したかったのは，以上のようなごく簡単なモデルによって感

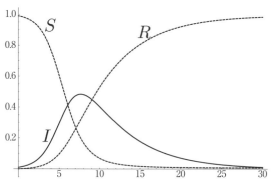

図 14.2　感染症のシミュレーション
SIR モデルの微分方程式を解いて得られるグラフ。横軸は時間（日数）。

[*7]　一般には，1人の感染者が2次感染させる人の数（期待値）を指します。

染拡大の動向をある程度把握でき，未来予測にも活用できるという点です。このモデルを出発点にして，より現実的な要素を取り込んでモデルを改良していくことで，よりリアリティのある感染予測ができるようになります。

微分方程式は，自然のダイナミズムを微小時間の変化に細密分割して積み上げることで把握していくアプローチです。これに対し，観測対象を全体として捉えるには幾何や代数の方法が役立ちます。元来，幾何の主題は図形の性質，代数の主題は文字式や方程式の性質でした。これがやはり科学革命期以降，実験・観測・数理と結びつく形で近代数学として統合されていきます。

14.1.3 自然に潜む数理

前節で述べたのは，現象を人間の手で数理モデル化するアプローチでした。対して，数学とは独立のはずの自然界に（あたかも）はじめから数学的構造が潜んでいる例がたくさんあります。その探索には，自然界に宿る意志を読み取りにいくかのような魅力があります。もちろん，自然が数学を使っているわけではありません。人間が建設した数学の目で美しく整理できる事象が自然界にたくさんある，ということです。この事実は自然現象と数学の関係を浮き彫りにしてくれます。

そのような例をひとつ挙げましょう。まずは数学的な問題から。円周上に，角度 θ ずつの間隔で点を打つことを考えましょう。できるだけ多くの点を，しかも互いに重ならないように分布させるには角度 θ をどのように選べばよいでしょう。θ を 1 周 360° の a 倍としてみます。例えば $a=1/4$ とすると，図 14.3(a)のように 4 つの点が 90° ずつ 4 個並んで終わりです。この考察を進めていくと，a が有理数（分母も分子も整数であるような分数として書ける数）である限り有限個の点が並んで終わ

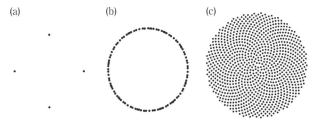

図 14.3　点の分布パターン

(a) 円周上に 360° の 1/4（つまり 90°）ずつ打点したもの。

(b) 円周上に 360° の $\dfrac{\sqrt{5}-1}{2}$ 倍ずつ打点したもの。

(c) さらに n 番目の点を原点から $\sqrt{n}$ の位置に打点したもの。

りになることがわかります（しばらく考えてみて下さい）。そこで，限りなく無理数に近い有理数なるものを考えます。その典型が，いわゆるフィボナッチ数列（直前の 2 つの数の和を並べた数列）

$$1,1,2,3,5,8,13,21,34,55,89,144,233,377,\cdots$$

から隣り合う 2 つを分母と分子に配した分数です。例えば

$$a=\frac{233}{377}=0.61804$$

をとってみましょう。この数字は，黄金比と呼ばれる無理数

$$F=\frac{\sqrt{5}-1}{2}=0.61803\cdots$$

に限りなく近い有理数です。a をこの数字に選ぶと，図 14.3(b) ができます。点が密集して分布する様子が見て取れるでしょう。次に，円の周だけでなく平面を埋め尽くしていくため，角度 θ で回転するごとに中心からの距離を一定の比率で拡大していくことを考えましょう。すると，図 14.3(c) のようなパターンが現れます[8]。

　図 14.3(c) のパターンをよく眺めると，右回りと左回りのらせんが何

---

[8]　この図は，xy 平面上の $x=\sqrt{n}\cos(2\pi Fn)$，$y=\sqrt{n}\sin(2\pi Fn)$ の位置に，n を 1 から 1000 まで振って点を描いたもの。

本も浮き出して見えてくるでしょう。実
は，このらせん状のパターンはヒマワリの
種の並びとして自然界に実現しています
（図 14.4）。これ以外にも，黄金比は植物の
葉のつき方（葉序），花弁の分布，松ぼっく
りの松かさの分布，オウムガイの殻の構造
などいろいろなところに現れます。これは
とても印象深い事実です。ただし，黄金比
が自然界を支配する神秘的な数であると考

**図 14.4　ヒマワリの種の
並び**

えるのは早計です。植物の種は，空間をできるだけ密に埋め尽くして数
を増やし，かつ互いに重ならないようにして日光を全面に浴びやすいよ
うに分布したいわけです。すると，望ましいパターンは必然的に「無理
数に限りなく近い有理数」と結びつきます。

　似たような例に，同じ形のタイルで平面を敷き詰めるパターンに何種
類あるかという問題があります。対称性の観点で分類すると，そのパ
ターンは 17 種類で尽きることが知られています。数学の言葉ではこれ
を 17 種の文様群または壁紙群といいますが，その分類がなされたのは
19 世紀末のことです。ところが，幾何学模様を多用するイスラム建築の
代表格であるグラナダのアルハンブラ宮殿の壁や天井に，この 17 種の
パターンがすべて現れているのです。宮殿の建設は 13〜14 世紀です。
当時のイスラム建築文化が，500 年後に発覚することになる数学的構造
を秘めていたわけです。

　以上の例を通して，「近代自然科学における数学の役割」，そして「自
然界や建築物に潜む数学的構造」という，数学が持つふたつの特徴が浮
き彫りになりました。次節以降では，より具体的に自然科学の各分野で
数学がどのように活用されているかを紹介します。

14.2　宇宙・地球科学と数学

大森聡一

　宇宙・地球科学であつかう現象も，すべてにおいて物理，化学の原理に基づいているので，14.1 節で紹介されたように，現象を数学の力を借りてモデル化することができます。この分野では，実験不可能な現象が研究対象となる場合が多いので，モデル化と数値シミュレーションは重要な研究手法となっています。たとえば，天体や銀河の運動，地球で起きる様々な対流，気候変動，マグマや岩石の性質，地震などなど様々な対象がモデル化の手法で研究されています。また，3 章で紹介した「システム」の挙動についても，ある「サブシステム」の状態を示す量の時間変化を基に，サブシステムごとの変化とそれらの関連を連立微分方程式で記述することでその振る舞いを予想することができます。多くの場合，モデル化の結果得た方程式は，式の変形では解けないので，数値計算法（コンピュータで数値解を求める方法）がしばしば用いられています。

　複雑なシステムをモデル化する際には，何かしらの近似が不可欠となります。地球や宇宙の現象には無限といって良いほどの変数があるので，取捨選択して，目的の現象を記述することになります。この近似にはちょっと注意が必要です。ある自然界の性質 x と y の関係が次のような式で示されたとします。

$$y = a + bx^c \tag{14.11}$$

　式 14.11 の係数 a, b, c それぞれについて，よくわからないことがあって，いくらかの近似があるとします。係数 a については，これがさらに精度良く決まるようになったとしても，y の値が多少上下するだけで影

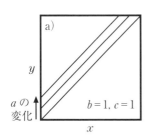 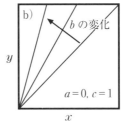 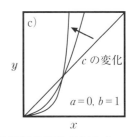

図 14.5　$y = a + bx^c$ の a, b, c の変化に対する x, y の関係の変化を示した模式図

響は比較的小さいと考えられますが（図 14.5a），係数 b, c に関しては，近似が改善されて別の値になると，y の値に大きな変化が現れる可能性があります（図 14.5b, c）。数値計算と CG で示される自然現象の描像は説得力がありますが，その背景にある近似には要注意でしょう。とは言っても，対象とするシステムが複雑な場合には近似の影響を特定することが難しく，研究においては，変数を少しずつ変化させて大量の計算を行い，そのばらつきを評価するといった手法がしばしば行われています。

　また，観測から現象を解明する研究のためには，データの処理のために統計学的な検討を行うことが不可欠です。自然から得られる観測データには，観測で生じる誤差やもともと存在している「ゆらぎ」などが含まれているため，統計の手法でデータの持つ意味を吟味しなくてはならないのです。「なぜ？」を説明するための手がかりとなるのが物ごとの相関関係ですが，相関の強さを数値で示すためにも統計的な手法が用いられます。

　一方で，第 4 章でもふれましたが，「なぜ」を考える際には相関関係が因果関係を示すわけではない，という点には注意が必要です。A と B が関連して変化しているように見えても，例えば，実は別の要素 C が A と

B を変化させていた，ということは大いにあり得ることです．統計だけ
でなく，実際の過程に目を向けることも重要です．

　最後に，ジオロジーと数学の関係について述べます．ジオロジーの基
礎となる地層の相対年代決定の原理は，12, 13 章で扱った集合・論理の
考え方に基づいています．地層の年代決定は，地層累重の法則（下が古
くて上が新しい）を基にして，離れた場所の地層を対比することに始ま
ります．ここには，例えば，『ⅠはⅡよりも古い，ⅡはⅢよりも古い，
よって，（ⅠとⅢが同時に見られる場所がなくても）ⅠはⅢよりも古いと
わかる』という論理が存在します．ま
た，離れた場所の地層の年代を対比す
るためには示準化石の情報が重要で
す．多くの場合，複数の化石の組み合
わせが用いられていますが，これは集
合の論理の応用といえるでしょう（図
14.6）．現在では，様々な定量的デー
タを地層から得ることができる様にな
りました．しかし，地層から得られる
データは，古い時代ほど定量的な精度
が劣化して行くため，ぼやけたデータ
でも統計学的な検討をしながら，論理
的に矛盾ない範囲を見極めて議論を積
み上げます．このようにして数学とつ
きあいながら，地球と生命の歴史は研
究されてきたのです．

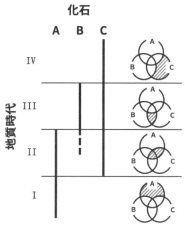

図 14.6　示準化石の組み合わせによる地層の相対年代の定義法

地質時代Ⅰ, Ⅱ, Ⅲ, Ⅳの境界が，化石 A, B, C の出現と消失（絶滅）の組み合わせで定義される例．集合論的な関係も図示している．

14.3 生物学と数学

二河成男

　生物学の場合，難しい数式を知らなくとも教科書や入門的な書物の内容はおおよそ理解できるでしょう。例えば，高校の生物の教科書，あるいは大学の分子生物学や細胞生物学の教科書に微積分や行列の数式が覚えるべき内容として出てくることはほぼありません。これは生物学の基礎を学ぶ上で定性的なことを理解することが重要なこと，分子生物学や細胞生物学では数式でモデルを立てて予測せずとも実際に測定できること，そして数式で表現することに重きをおいていない，あるいは複雑すぎてモデル化が難しいことが挙げられます。例えば，酵素の場合，生物学（分子遺伝学）では各酵素の生体内での役割が知りたいことです。その調べ方は，細胞でその酵素の遺伝情報を破壊した時に失われる機能から，その酵素の役割を考えます。一方，生化学では，酵素を実験的に精製し，どの化学反応に対する触媒作用があるかを測ることからその酵素の機能を探ります。前者は要素が多くモデルを作るのが難しいですが，後者は比較的容易です。

　一方で，生物学を理解する上で数学は不要である，と言っているわけではありません。数字や数学的表現は，物理や化学と変わらない程度か，それ以上に出てきます。比率や割合による説明，棒グラフや折れ線グラフなどのグラフは必ずと言っていいほどでてきます。例えば，山中伸弥博士らがiPS細胞という万能細胞を初めてハツカネズミの細胞から作製し，Cellという雑誌に発表された論文では，数式は一つも出てきませんが，グラフは細胞の写真と同程度にたくさん出てきます。多くは棒グラフなどのわかりやすいグラフです。このように生物学では世界的に評価される論文であっても，その内容を説明するために高度な数式を使

わなくともよいものもたくさんあります。ただし，実際に研究や実務的な仕事をする場合，様々な状況で数学を利用した計算が必要になります。特に統計学は欠かせません。

　また，生態学の分野では導入部分でも，いくつか数式が出てきます。たとえば，ロジスティック方程式は，生物の個体数の時間変化をモデル化したものです。ロトカ・ヴォルテラの方程式は，捕食者と被食者が食べる・食べられるの関係の中で両者の個体数の時間変化をモデルにしたものです。時間変化とともに個体数はどうなるか，お互いが絶滅しない条件はどのようなものかを方程式を解くことによって知ることができます。同じような方程式は，生態学でなくとも出てきます。分子生物学でよく使う大腸菌の増殖曲線は，ロジスティック方程式から導くことができます。

　このような数理モデルの強みは，将来を予測できる点です。大腸菌の増殖も予測通りに増えるので，実験をコントロールできます。一方で，環境が一定であるという条件が必要なので，増殖に適した温度でなかったり，培養液の振盪（しんとう）を止めてしまったりすると，予定通りには増殖しません。よって，実験室のデータとは一致しますが，自然な環境ではあまり機能しないこともあります。しかし，少なくとも環境が一定である時に，増殖に何が重要かといったことは検証できます。食べる・食べられるの関係など，より複雑な関係ほど数式でのモデル化が，問題の主要な原因などを知る上で有効であり，生物学を超えたより普遍的な問題を解明することを可能とします。

　このようなことを書いていますが，私自身は直感的に理解できる範囲を超えた数式が書物等で出てきた場合は，読み飛ばします。わからない英単語が出てきたときと同じように，前後の文脈からその意味することを理解あるいは想像します。コンピュータの発達により，数式を完全に

理解しなくとも，それを利用した数値計算は可能です。皆さんも数学以外の分野なら数式がわからなくともその内容を部分的には理解できるでしょう（試験に合格するかは別の問題です）。まずは，数値や単位を理解し，種々のグラフを読み取れるようになることが大切です。

14.4　化学と数学

安池智一

　化学に数学は必要かと言われると，答えは yes であり no です。もちろん，物理化学の分野でやっていることは物理学に近いので，基本的な微積分，微分方程式，線形代数の知識は必要です。例えば，14.1.2 節の感染症の SIR モデルは，

$$\text{A} + \text{X} \xrightarrow{\beta} 2\text{X}, \quad \text{X} \xrightarrow{\gamma} \text{P}$$

という自己触媒反応において，化学種 A, X, P の濃度が時間とともにどう変化するかを記述する式とまったく同じものです。その意味で，数学の基本的な考え方をマスターしていると便利であることは間違いありません。

　一方で，第 8, 9 章の議論に使われたのは四則演算のみだったことを思い出してみてください。実は化学の多くの分野で日常的に使う計算は，このようなものが多いのです。周期表が現在でも使われていることを紹介しました。化学者は経験的知識を体系化することで，つどつど数学や物理学を持ち出さずに四則演算 $+\alpha$ で物質の性質を予測する経験則を多く持ち合わせています。まずはそのような経験則を使ってみるのがいいかも知れません。それがどういう理屈の上に成立しているかが気になってきたら，そのときに頑張って取り組んでみてもいいのです。

　化学と関連する数学の話として，分子の形を捉えるのに便利な「群論」の話を紹介しましょう。分子は小さいものですが，その微小な構造の違いが我々が捉えうる性質に直結することがよくあります。二酸化炭素は，O=C=O のような直線状の3原子分子ですが，3原子の振動の仕方には図 14.7 に示した3種類のモードがあります。ここで，それぞれの原子の動きを表す黒矢印を，炭素の位置に対して反転させてみます[*9]。うすい矢印で示した反転の結果，元の矢印と変わらない振動（1番上）とちょうど反転する振動（2番目と3番目）があることが分かります。このとき，赤外線を吸収してこれらの運動を起こすのは反転する振動だけだということが知られています。このように考えると，2原子分子には1番上と同じく変わらない振動しかないので，赤外線を吸収しないことが分かります。空気に含まれる N_2, O_2, CO_2 のうち，赤外線を吸収して温室効果を示す気体が CO_2 だけであることは，このような振動のある変換に対する対称性だけから分かるのです。

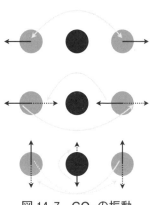

図 14.7　CO_2 の振動

14.5　物理学と数学

岸根順一郎

「大学で物理を勉強するには，どの程度数学を勉強しておく必要があるか」という質問をよく受けます。その答えとして，ひとまず高校程度の**微分積分**と**微分方程式**の基礎，そして**線形代数**の基礎（**行列の計算**，できれば初歩の**固有値問題**まで）を知っていれば十分だといえます。その

[*9] 群論とはまさに，このようなある操作に対しての変換性を中心的な概念として整備された数学の分野です。

あとは，必要に応じて補強していけばよいでしょう。以下では，微積分と線形代数について簡単に補足します。

　ニュートン力学が成功を収めたのは，万有引力を受けた天体の運動方程式（微分方程式）を解いて惑星の運動を完全に求めることができたからです。ただし，この作業を今日的なやり方で完遂したのは 18 世紀を代表する数学者オイラーです。それ以降，物理学者は「物理現象を微分方程式に表してこれを解く」ことを物理学の中心課題に据えてきました。実際，現在私たちが手にしている最も基本的な 3 つの物理法則，つまり古典力学の基本法則である運動方程式，電磁気学の基本法則であるマックスウェル方程式，量子力学の基本法則であるシュレーディンガー方程式はすべて微分方程式です。このようなわけで微積分学，特に微分方程式の解法は物理学を学ぶ上で極めて重要です。ただし，物理学に現れる微分方程式の種類はあまり多くないので安心してください。大学初年級程度であれば，空気抵抗のある物体の運動方程式と単振動の運動方程式，さらに空気抵抗と強制振動の方程式が理解できれば十分です。

　線形代数の入り口はベクトルと行列の計算です。ベクトルは位置，速度，加速度，力といった大きさだけでなく向きを持つ物理量を表す上でなくてはならないものです。そして，ベクトルを回転させる操作は行列で表されます。そもそも「線形」とは 1 次式を意味します。ふたつの 1 次式を加えるとやはり 1 次式です。これは，ふたつのベクトルを加えたものがやはりベクトルであることと同様です。一般化すると，定数倍したり足したり引いたりしても質が変わらない性質を**線形性**といいます。特に，量子力学の基本方程式であるシュレーディンガー方程式は線形です。そして，この方程式は線形代数学の重要テーマである**固有値問題**の形をとります。このように，量子力学では線形代数が大活躍します。

15 | 自然科学の展望

岸根順一郎　大森聡一　二河成男　安池智一　隈部正博

《目標＆ポイント》 自然科学の研究はどのように進められるのでしょうか。研究して論文にまとめるとはどういうことでしょうか。そして，自然科学の各分野はどこへ向かうのでしょうか。

《キーワード》 科学研究の特徴，探究のサイクル，IMRAD，各分野の展望

....

15.1　科学研究の特徴

岸根順一郎

　新聞の科学欄には科学研究の現場から発信される最新の成果が頻繁に紹介されます。また，大学や研究機関が広く市民に研究成果を開放する催しも増えています。市民が科学研究の成果に接触する機会はますます増えていると言えます。こうなると，現在の自分と先端的科学研究の間の距離というものが気になってくるはずです。学部の卒業研究や，さらに進んで修士論文，博士論文を書いてみたいという志を持つ方もおられるでしょう。本節では，科学研究の実際的な手順について簡単に紹介します。

科学研究とは何か

　科学研究とは何かを簡潔に表すとすれば「自然界についての新しい知識を創り出し，それを人類が共有する営み」ということになるでしょう。ここで「知識の共有性」という考え方が重要です。いかに重要な成果を

得ても，それを公表しない限り研究成果とはみなされません。共有されることで初めて人類の共有資産となるわけです。そして現在の科学研究において共通かつ唯一の手段は論文を学術雑誌に掲載することです。

　現在まで続く最古の学術雑誌はロンドン王立協会が発行するPhilosophical Transactionsで，その創刊は1665年です。この雑誌の創刊号において，王立協会の初代事務総長であったヘンリー・オルデンバーグは「印刷して出版することが科学に従事する人々を満足させる最適の方法であろう。」*1 と宣言しました。この理念に従って科学研究の営みが制度化され，人間の社会活動として認知されるようになったわけです。

ピアレビュー

　研究成果を学術雑誌に投稿すると，査読者（レフェリー）が匿名で審査を行います。匿名で答案を交換して採点し合うようなものです。そして，査読者の評価レポートの内容をもとに編集部門の担当者（エディター）が掲載の可否について最終判定を下します。査読者は，投稿された論文の内容と近い研究分野ですでに複数の論文を書いた実績がある人の中から選ばれるのが通例です。査読のことを英語でピアレビュー（peer review）と言います。"Peer"は「同僚，同輩」といった意味合いの言葉です。高名な科学者の論文の審査を，博士号を取ったばかりの若い研究者が担当することもよくあります。科学研究の現場では年齢や国籍にかかわらず「同僚」とみなされるわけです。こうして，学術論文の審査システムを軸にした研究者集団が形成されます。

---

*1　原文は *"it is therefore thought fit to employ the Press, as the most proper way to gratifie those, whose engagement in such Studies,..."* ©Royal Society Publishing

268

15.2　科学的探究のサイクル

岸根順一郎

科学的探究のサイクル

　科学研究のステップをもう少し具体的に見ていきましょう。もちろん，例えばひとくくりに生物学といっても生態学と分子生物学ではアプローチの仕方が異なりますし，物理学でも 100 人以上の研究者が共同で進める素粒子実験とせいぜい 2〜3 人で進める理論物理学の研究ではスタイルが異なります。しかし，およそすべての科学研究は以下に述べる「科学的探究のサイクル」に沿って段階的に進められます（図 15.1）。そのサイクルとは，「1. 問いを立てる」，「2. 対象を限定する」，「3. 背景を調査する」，「4. 仮説を立てる」，「5. 仮説検証の方法をデザインする」，「6. 仮説を検証する」，「7. 結論を導く」，「8. 論文を書く」，「9. 新たな問いが生まれる」というプロセスからなります[*2]。

　重要なことは，以上のプロセスに始まりと終わりがあるわけでなく，ひとつのサイクルが完了する段階で螺旋階段を登るようにあらたなサイ

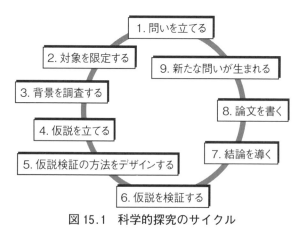

図 15.1　科学的探究のサイクル

[*2] もちろん，ここで紹介するプロセスの分け方は確立したものではありません。あくまで一般的な捉え方です。

クルに入っていくことです。1999 年にハンガリーで開催された世界科学会議で採択された「科学と科学的知識の利用に関する世界宣言」では，科学的思考の本質を「常に批判的な分析に晒されながら，諸問題を異なった視点で考察し，自然や社会の諸現象を究明しようとする能力」と規定しています。科学的探究のサイクルは，この能力を正しく発揮するための処方であるといえます。以下，それぞれのステップを掘り下げてみていきます。

問いを立てる

　研究の成否は問いの立て方で決まります。よい問題設定ができれば研究の半分以上は完了しているといっても大袈裟ではありません。「問い」が適切であるための条件は，問題設定（どのような対象に対して，どのような方法を適用し，何を明らかにしようとするのか）が明確であることです。原初の問いは純粋な好奇心に裏打ちされたものであって構いません。しかし，これを科学研究のサイクルに組み込むためには問いの簡素化と明確化が必須です。そのためには，自らの問いを客観的な「問題文」の形にまとめてみるとよいでしょう。的が絞れないほどには大きすぎず，科学的研究によって解決できそうな問いを立てることです。

コレクションの限定

　「ニュートンは万有引力の法則を発見することで宇宙の神秘を解き明かした」という言い方は決して間違ったものではありません。では，「ニュートンの研究対象は宇宙全体であったか」，というとそれは間違いです。ニュートンは光，色，音といった様々な現象に興味を寄せました。しかし，ニュートンが力学の体系を作り上げる過程で発揮した真の偉大さは，興味の対象を「力と運動の関係性」に限定したことにあります。

端的にいえば，“余計なこと”を思考から排除することで現象の本質を記述する要素を抽出することに成功し，そのスタイルを後世に残したのです。これは，視野を狭めたり思考の自由度を矮小化することとは全く異なります。幅広い自然現象に対する興味関心は保持しつつも，着目する対象領域（コレクション）を限定することで成功を収めたのです。このような発想は，問いを明確化する作業と分かちがたく結びついています。

背景調査

　問いが明確になって対象領域が限定されたら，次に自分の課題が科学研究の蓄積の中でどのような位置を占めるか調査する作業に進みます。これは「先行研究の調査」とも呼ばれるプロセスです。自分と同様の問いを立てた人が過去にどれくらいいて，それぞれどのようなアプローチでどんな結論を導き出しているかを徹底的に調査します。この作業は，文献調査によって進めるのが通例です。現在では，インターネットの学術情報検索サイトが充実しています。例えば「Google Scholar」を使うと，関連するキーワードを入力することで関連学術論文を探し出すことができます。

　新しいテーマに取り組もうとする場合，できるだけ多くの関連文献を検索し，さらにそれらの文献に挙げられた参考文献に当たるという作業をかなりの期間にわたって繰り返します。場合によっては数か月以上を費やして文献を渉猟し，読み込んでいきます。このプロセスを通して自らの問題設定が矯正されていき，「より良い問い」に着地することができます。場合によっては，自分が立てた問いと全く同じ問いがすでに解決されてしまっている場合もあるでしょう。そのような場合は，潔く方針転換する必要が生じます。

仮説を立てる

　問いの設定が完了したら，具体的な実験や計算を始める前に，答えを大雑把に推量します。これが仮説形成と呼ばれるプロセスです。確信をもって推論し，納得できる仮説を形成する力は，独創性のある科学研究を進める上での要となります。

実験あるいは理論計算のデザイン

　いよいよ実験や理論計算のデザインを行う段階です。自然科学の研究において，実験は「仮説を検証する」目的で行います。特に実験のデザインを行う上で注意すべき点は，「一度に動かす変数（実験結果に影響を与える条件）は，一種類に限らなくてはいけない」という大原則です。「変数」を「条件」と読み替えても構いません。例えば，ある物質の電気抵抗が温度とともにどう変化するか調べるとします。この場合，温度以外の条件，例えば圧力が変わらないよう最大限の注意を払う必要があります。このため，まずは一変数によって制御された実験をどのように実現するかというデザインを描く必要があります。研究が実験を伴わない純粋に理論的なものである場合でも，どの変数に着目して仮説形成を行うかを明確にデザインすることが必須です。こうして，いよいよ実験あるいは計算を遂行する段階に入ります。作業を進める間はずっと，詳細な研究ノートをつけてデータを記録します。

結論を導き出す

　実験・計算を仕上げる過程で見出したことを整理する最適の方法は，データを可視化するためにグラフを描くことです。これによってデータのパターンを読み取ることができます。着目した変数（条件）が，標準（基準）と比較してどのような変化を示したかを読み取り，どの変数が現

象の変化を支配しているかを突き止めます。これがうまくいかない場合は，着目する変数を変えて実験を繰り返します。もちろん，この場合も新たな変数以外の条件は変えずに実験を遂行することが必須となります。

　ここで，実験・計算の結果が当初の仮説と整合しているか否かによらず，その理由を問わなくてはいけません。間違っても，仮説と整合するように実験データの解釈を歪めてはいけません。この点が，科学者倫理の根本となります。仮説に執着するあまり，都合の悪いデータを消し去ったりすることは犯罪行為とみなされます。結果が仮説と食い違うことは研究の失敗を意味するものではない，と考えることが大切です。むしろ，この自身をゆるぎないものとするために問いの設定，コレクションの限定，実験のデザインを丁寧に積み上げるのです。この段階が丁寧に遂行されていないと，拙速に結果に飛びつこうとする心理状態に置かれます。実験事実を虚心坦懐に受け入れ，「仮説との整合性」を素直に評価し，その結果を受け入れて矛盾の起源を探り当てる力は，研究を進めていくうえで最も重要な能力です。

結果を公表する（論文の執筆）

　以上のプロセスが完了したら論文を書きます。科学論文は，いわゆるIMRAD と呼ばれる構成法に従って執筆されます。IMRAD とは，「Introduction（導入）」，「Methods（研究方法）」，「Results And Discussion（結果と考察）」の頭文字を並べた略語です。

　「導入」ではまず取り組もうとしている問題の現状（学問的動向）を述べ，関連する先行研究を紹介します。そして，先行研究の範囲では未解明の問題を指摘し，その着想に至った経緯を述べます。続いて「問い」を宣言し，何をどこまで明らかにしようとしているのかを明記します。

次に，その問いに対してどのような結果が期待されるかに触れます。仮説形成の作業を明文化するわけです。このように，導入部には極めて密度の濃い情報が含まれることになります。結果的に論文全体を見渡した上で書くべきものであり，執筆の最後の段階でまとめる（あるいはまとめなおす）のがやりやすい方法です。

　次に「研究方法」ですが，ここには実験やモデル計算の具体的な手順を具体的に書いていきます。研究を進めた当人にとって，最も書きやすいのはこの部分であるはずです。そして，「結果と考察」の部分では結果を文章で述べるとともに，結果の定量的性質を視覚化するためのグラフやデータをまとめた表などを添えます。そして「考察」の部分に進むわけですが，この部分が論文における最重要部分となります。まずは得られた結果が先行研究の結果，あるいは仮説によって得られた予測と整合しているか否かを判定します。次に，整合性あるいは非整合性の根拠を検討した内容を記述します。この際，実験プロセスの信頼性や，データの再現可能性，仮説とは異なる論理に基づく説明の可能性などを多角的に検証します。

　以上が IMRAD と呼ばれる構成法ですが，「結果と考察」から導かれる「Conclusion（結論）」を最後にまとめて要約することも一般的です。ここで，論文のベースとなる「科学的探究のサイクル」から逸脱するような結論を混ぜ込んだり根拠のない一般化をすることはご法度です。今回行った実験なり計算の結果からは導き出せない矛盾点などが見つかった場合は，その事実をはっきりと述べる必要があります。このような問題点を誠実に指摘することによって，むしろその研究が着実に遂行されたものであるという信頼度が増します。

　論文の最後には，必ず「引用文献」のリストを添えなくてはいけません。「導入」部分には先行研究や，着想に至った経緯が記されるので必然

的にたくさんの文献が引用されることになります。実際に，引用文献の
ほとんどが導入部で引用されることが珍しくありません。「研究方法」
以降の部分では，その都度関連する文献を引用していくことになりま
す。科学研究とは，人類が積み上げてきた岩盤の上に新たな1個の石を
積み上げるようなものです。文献を正しく適切に引用することはモラル
の一環であり，自分の研究が科学の営みの中でどのような位置づけにあ
るのかを客観的に検証した証ともいえます。

研究者の倫理

　現代社会において，大学や研究所で職業として科学研究に携わる人は
例外なく，出版された論文の内容とその波及効果によって評価されま
す。"Publish, or perish"（出版せよ，さもなくば滅びよ）というスローガ
ンは，科学者の実生活を言い表す極めて現実的な言葉です。これは熾烈
な研究競争を連想させる言葉でもありますが，大学や研究機関で職業科
学者として研究活動を進める上でのごく基本的な条件を表していると言
えます。

　しかしながら，自然科学の方法を実践するためには，以上で述べた
「科学的探究のサイクル」を繰り返すことによって結果の再現性と信頼
性を究極まで突き詰める必要があります。この作業を続けていくことは
真理の探究者としての科学者に求められる責務であり，短期的な競争に
勝ち抜くこととは全く別の営みです。

　昨今，望みの結果を引き出すために都合の悪い実験データを意図的に
操作するいわゆる捏造行為がしばしば社会問題となり，科学者に対する
社会的信頼が著しく損なわれる事例が報道されています。この種の研究
者が現れる背景には，19世紀以降社会制度の中に組み込まれて職業のひ
とつとなった科学研究のスタイルが，自然との対話という科学本来の目

的から離れた研究競争，つまり研究業績に基づく評価システムと不可避的に結びついてきた経緯があります。人と自然の間の対話が，人間社会の競争にすり替わってしまうわけです。現在，科学研究の国際競争力を高めるために社会的波及効果の高い研究課題に対して集中的に研究費を配分する傾向が各国で強まっています。このような社会制度を健全に機能させるためには，科学者に対して以前にも増して高い倫理を求めていく必要があります。

　ここで，すでに触れた世界科学会議の「科学と科学的知識の利用に関する世界宣言」から科学者の倫理について述べられた項目を引用しておきます。「すべての科学者は，高度な倫理的基準を自らに課すべきであり，科学を職業とする者に対して，国際的な人権法典に記された適切な規範をもとにした倫理綱領が定立されなければならない。科学者の社会的責任は，彼らが高い水準の科学的誠実さと研究の品質管理を維持し，知識を共有し，社会との意思の疎通を図り，若い世代を教育することなどを要求するものである。政治当局は，科学者によるこれらの行動を尊重しなければならない。」

15.3　各分野の展望

　本書によって自然科学へのはじめの一歩を踏み出したみなさんは，次にどこへ向かえば良いのでしょうか。ここでは，そのためのガイダンスのつもりで各分野の展望をまとめてみます。

15.3.1　宇宙・地球科学の展望

大森聡一

　宇宙・地球科学の「はじめの一歩」の後に，どのように学びを進める

か，自然科学を専門に希望される方と，そうではない方とにわけて，アドバイスしたいと思います。

　自然科学を専門に学ぼうとされる方は，ぜひ，宇宙・地球分野以外の分野からの視点をもって，この分野の学びを進めて下さい。物理，化学，生物，数学の視点から，応用問題としての，宇宙・地球科学に関ってみて下さい。これまでの研究の結果得られた結論を，知識として学ぶだけであれば，他分野との関連はあまり必要ないかもしれません。しかし，なにか一つ別の科目の基礎を学んで，学習に臨むことによって，皆さんそれぞれの視点による問題の掘り下げ方が深まり，複雑で答の定まっていない問題に対して，論理的に考察し判断する「教養力」の涵養につながると，私たちは考えます。

　これから，自然科学以外の学びを深めようと考えている方には，広い意味の「地球システム科学」という視点を紹介することで，宇宙・地球科学分野（および自然科学全般）に関する今後の学びへの指針の例としたいと思います。第3章で，地球科学的意味での「地球システム」を紹介しました。ここで紹介する「地球システム科学」は，名前は似ていますが，内容は，より広く総合的なもので，人間の活動が地球環境に大きな影響を与えている，という認識のもとに，人間社会も含めた「地球システム」を対象にした，いわゆる「文系」科目，広い意味の「人間科学」も包有する総合的な研究・教育の枠組みです。古くは1960年代のフラーの「宇宙船地球号」という考え方などに発端が見られ，そして1988年になってNASA（アメリカ航空宇宙局）を中心に提唱され発展してきた考え方です。図15.2は，この「地球システム科学」の枠組みの一例です。この例では，基礎自然科学，応用科学，および工学の上に，政治，経済，哲学，宗教などが位置し，最上位に地球の運命が位置しています。ピラミッドの底辺に近い方の分野が，上位の分野の基礎になり支えてい

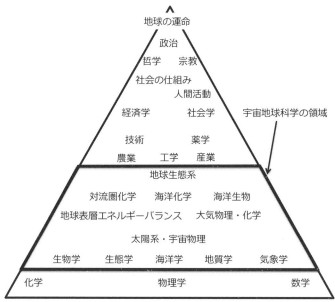

図15.2 「地球システム科学」における既存各分野の統合化のピラミッド構造を示した図

D. R. Johnson, M. Ruzek, & M. Kalb, "What is Earth System Science?" Proceedings of the 1997 International Geoscience and Remote Sensing Symposium Singapore, August 4-8, 1997, pp. 688-691 (1997) 原図を日本語化。基礎科学を基盤とし，応用科学，工学，そして人文科学の順で，頂点にある目的「地球の運命」へと繋がる。

る，という構造を示しています。「地球システム」の科学ですが，地球科学がゴールにあるわけではありません。この様な人間の暮らすシステムとしての地球のとらえ方は，地球規模の環境問題や持続可能な発展といった課題に対応するために，これから不可欠になってゆくと思われます。宇宙・地球科学が，この様な世界を学ぶための基礎科目である，という視点で，ぜひ学習計画を考えてみて下さい。

15.3.2　生物学の展望

二河成男

　生物学に限らず，どのような学問分野であっても，自ら学び続けることが大切です。生物学ならおすすめは，新聞の科学記事とテレビやラジオの科学番組です。最新の知見がわかりやすく解説されています。また，インターネット上にも様々な利用可能な物があります。これらに加えて，一般向けの科学雑誌や専門家が記述した書籍を読めば，より深く正確な知識を得ることができるでしょう。さらには，現在の課題や今後の展望も見えてくるでしょう。生物そのものを見たければ，動物園，植物園，水族館，自然博物館などもあります。知識を得るためならこれらの方法で十分でしょう。一方で，少し手間をかければ，違った楽しみが生まれます。

　例えば，自ら生き物の飼育や栽培を行うことです。それもただ育てるのではなく，生き物が健康な状態を維持できるように育てることが大切です。そのためには，育てる生物の野生での生態や飼育環境等を学習する必要があります。また，飼育の過程で様々な発見があるでしょう。ただし，生物を育てることは責任を伴います。十分に検討してから始めましょう。途中でやめることはできず，人の寿命より長生きする生物もいます。また，野生の生物の採集には様々な配慮が必要です。その知識が無いようであれば，ペットショップや園芸店などを利用するのがいいでしょう。

　また，自ら育てなくとも，生物を観察することからも，同様の学習が可能です。日頃通る道端などでも様々な植物を見かけるでしょう。あるいは，公園や水辺などで自然が残っているところには，より多様な生物がいます。どのような生物がいるかを観察し，記述しておくことは，自身の学習だけではなく，学術的にも大切です。入門的な図鑑があれば，

初めて見る生物でもおおよその分類はできます。どこにどのような生物がいるかなどは，すでに誰かが調べていると思われるかもしれません。確かに，野鳥などの観察者の多い生物や絶滅危惧種については，どこにどれくらいの個体数がいるかといった記録があります。しかし，その他の多くは限定的な情報しかなく，あったとしても時が経てば変わってしまいます。環境を評価する上では，その場所にどのような生物がどれくらい生息しているかといった情報も必要です。このようなことを実際に行うのは難しいにしても，花の開花や，芽吹き，虫の鳴き声，野鳥のさえずりなどで，季節を感じることができるようになるだけでも，素晴らしいことです。

　一方で，生物の体を構成する細胞や分子については，普段の生活から学ぶ方法は限られています。インターネット上には，遺伝子やタンパク質に関する種々のデータベースもあり，専門的な技術があれば，そのようなところからも学習できます。ただし，これらの情報量は予想以上に多く，扱うのは容易ではありません。自身で使えるパソコンの能力に適した量にする必要があります。したがって，細胞や分子に関しては，書物や映像からの学習になるでしょう。知らない言葉が出てきたときは，まずは辞書や入門書で確認しましょう。電子辞書でも自然科学用語の検索に長けたものがあります。インターネットであれば，インターネット百科事典（wikipedia）などを検索すれば様々なことがわかります。ただし，インターネット上の情報は正しくない場合もあるので，複数の情報源を確認することをおすすめします。最新の話題を気軽に楽しみたいなら，TED conference（テド　カンファレンス）です。様々な分野の一般向けの講演が公開されています。日本語の字幕があるので，英語が苦手でも大丈夫です。

　生命に関わる最新の研究成果の報告や報道の中には，少なからず成果

が誇張される場合があります。今にも病気の治療に利用できるような印象を与えたり，逆に不安を煽るかのようなただ危険性が強調されたりするものです。これは科学者にその責任があるわけですが，このような話に一喜一憂しないように個人個人が判断できる知識を身に着け，その判断のための情報の開示が行われることが期待されます。

15.3.3　化学の展望

安池智一

　2000 年以上前にすでにあった原子論のアイディアは，18 世紀になって定量的な議論のできる現代化学へと昇華しました。物質の相互変換の仕組みを知らぬ古代から，人類は火を使い，金属を精錬し，ガラスや陶磁器を作るなどしてきましたが，現代化学の成立によって物質利用の仕方は様変わりしました。

　産業革命の際の人口爆発にあたっては，土壌窒素の枯渇によって農作物の生育不振が問題となりました。植物の生育に特定の元素が関与していることを 1840 年代に Liebig が明らかにしてからわずか数十年後に訪れた危機でしたが，1909 年に Haber が空中の窒素をアンモニアに変える触媒を見出すことでこの危機は見事に回避されました。その当時から人口は大幅に増えていますが，その半分以上が化学肥料によって生かされていることになります。

　かつて何度も訪れたさまざまな感染症の恐怖には，特定のウイルスの働きを抑制する薬分子の開発によって対処を容易にしてきました。COVID-19 に対しても，有効な治療薬があれば，その対処はもう少し容易になることでしょう。そのために現在多くの分野の研究者が努力を重ねています。

　また，化石燃料の枯渇や CO_2 による温暖化も大きな問題です。国家

間の調整で根本的な解決が得られると楽観できるほど，現在の大国間の関係は良好ではありません。やはり，物質の関与する現象において根本的な問題解決を図るのが先決のように思われます。物質のふるまいを正しく理解した上で，必要な物質変換を可能とする分子システムを構築するという化学の方法論が，再度重要になる局面を迎えているようにも思われます。

15.3.4　物理学の展望

岸根順一郎

　物理学は 20 世紀に入ってから大きく発展しました。特に，原子・分子程度以下のミクロな世界の現象を記述する量子力学（第 11 章）の出現は，私たちの物質観を根底から変えました。21 世紀に入った現在，私たちは量子力学の不思議な世界により深く分け入り，ミクロな電子や原子核の状態を制御して技術に役立てようとしています。2019 年 10 月，Google の研究チームは 54 量子ビットの量子プロセッサーを使い，従来の古典コンピュータでは到達できない能力（量子超越性，quantum supremacy）を実証したと発表しました。スーパーコンピュータで 1 万年を要する計算が 200 秒で解けるとされ，量子コンピュータの開発競争に大きなインパクトを与えました。

　20 世紀を代表する理論物理学者だった物理学者リチャード・ファインマンは，1982 年にこう述べました。「自然は古典物理学では書けない。なんてこった！　だから自然をシミュレーションしたければ量子力学の原理そのものを使ったコンピュータでやるしかない。これは素敵な問題だ。そう簡単とは思えないから」[*3]。ファインマンの構想が私たちの日常に入り込む日も近いのかもしれません。

[*3] "Nature isn't classical, dammit, and if you want to make a simulation of nature, you'd better make it quantum mechanical, and by golly it's a wonderful problem, because it doesn't look so easy." International Journal of Theoretical Physics, volume 21, 1982, p. 467–488, at p. 486

15.3.5　数学の展望

隈部正博

　ここでは数学の考え方として学んだ対偶について，振り返ってみましょう。各 100 点満点の試験が 2 回あるとします。すると

(A)「2 回の試験の合計が 150 点以上であるためには，
　　　1 回目の試験で 50 点以上とる必要がある」

その理由は，

(B)「1 回目の試験で 50 点未満の場合には（2 回目の試験が 100
　　　点でも）
　　　2 回の試験の合計が 150 点以上にならない」

からです。簡単な推論ではあるが詳しく見てみましょう。命題 p：「2 回の試験の合計が 150 点以上である」，命題 q：「1 回目の試験で 50 点以上である」とします。ここで 13 章の(13.14)を思い出しましょう。

　　　$p(x)$ ならば $r(x)$　$(p(x) \Rightarrow r(x))$　が成り立つとき，
　　　$(p(x)$ は $r(x)$ より強い条件であるから，$)$　　　　　　　　(15.1)
　　　$p(x)$ を満たすためには，$r(x)$ は必要（な）条件という

　(A) を p, q を使って表すと「p をみたすためには q は必要（条件）である」となり，これは (15.1) より，$p \Rightarrow q$ の意味することでもあります。そしてこれが成り立つ理由 (B) は式で書くと $(\neg q) \Rightarrow (\neg p)$ です。つまり対偶 $(\neg q) \Rightarrow (\neg p)$（すなわち (B)）を示すことによって，$p \Rightarrow q$（すなわち (A)）が成り立つ理由を説明しているのです。我々は無意識のうちに対偶（や必要条件）という概念を使っているのです。このように我々が気づいていない（知らない）概念を見いだし，数学的に体系化

していくことは重要です。

15.4　次の一歩を踏み出すために

岸根順一郎

　本書をここまで読み進めてこられた皆さんは，宇宙の最果てから銀河，惑星世界，地上の生命，そして物質の変転，極微の素粒子にいたる広大な自然界を科学の目で読み解く鍵を手にされたはずです。また，数学の普遍的役割とその重要性も理解いただけたと思います。

　では次の一歩をどう踏み出せばよいでしょうか。本書では宇宙・地球科学，生物学，化学，物理学，数学各分野の基本的な見方・考え方を示しました。これをガイドとして，各分野の第 2 ラウンドの学習に進むのがよいでしょう。放送大学では，第 2 ラウンド（入門科目），さらには第 3 ラウンド（専門科目）の各科目が用意されています。ぜひ活用してください。

　自然科学の学習では，積み重ねが大切だとよくいわれます。しかし，ある段まで登らないと次の段が見えないのかというとそうではありません。まずは各分野の全体像を捉え（本書の段階），つぎに各分野の基本的な構造を学び（入門科目の段階），さらにひとつひとつの項目をより正確に細かく学ぶ（専門科目の段階）というふうに，何巡かしながら徐々に登っていくのが適切な（そして長続きする）勉強法です。

　私たちは古来，自然と人間とのかかわりを通して「私たちはどこから来たのか，私たちは何者なのか，そして私たちはどこへ行くのか」[*4]を問い続けてきました。人間の側から自然界へ向けてこの問いを発し，自然からの応答を探るのが自然科学本来の目的です。私たちが自然と共生する限り，つまりこれまでも今後もずっと，この営みが意味を失うことは

[*4] ポール・ゴーギャンによる絵画のタイトルとして知られる言葉です。

ないでしょう。本書を通して，皆さんが自分自身の立場で自然との対話
を始めるきっかけをつかんでいただけたならうれしいです。

参考文献

☐ H. Oldenburg，"An Introduction to This Tract"，Philosophical Transactions, Vol.
1, Royal Society Publishing（1665）

☐ R. P. Feynman，"Simulating Physics with Computers"，International Journal of
Theoretical Physics, Vol. 21, pp. 467-488, Springer（1982）

☐ NASA "Earth System Science: A Program for Global Change" Report of the
Earth System Sciences Committee, National Aeronautics and Space
Administration, Washington, D.C., pp. 208（1988）

索　引

●配列は五十音順、欧文字・数字の順に掲載

分担執筆者紹介

二河　成男 (にこう・なるお)　　　・執筆章→1・5・6・7・14・15

1969 年	奈良県に生まれる
1997 年	京都大学大学院理学研究科博士後期課程修了
現在	放送大学教授・博士（理学）
専攻	生命情報科学・分子進化
主な著書	『現代生物科学』（共著）放送大学教育振興会（2014 年）
	『初歩からの生物学』（共著）放送大学教育振興会（2018 年）
	『進化－分子・個体・生態系』（共訳）メディカル・サイエンス・インターナショナル（2009 年）
	『生物の進化と多様化の科学』（共著）放送大学教育振興会（2017 年）
	『生命分子と細胞の科学』（共著）放送大学教育振興会（2019 年）
	『マーダー生物学』（共訳）東京化学同人（2021 年）

安池　智一（やすいけ・ともかず）
・執筆章→ 1・8・9・14・15

1973 年	神奈川県横須賀市に生まれる
1995 年	慶應義塾大学理工学部化学科卒業
2000 年	慶應義塾大学大学院理工学研究科化学専攻後期博士課程修了　博士（理学）
	日本学術振興会特別研究員（PD），東京大学博士研究員，京都大学福井謙一記念研究センター博士研究員，分子科学研究所　助手・助教（総合研究大学院大学　助手・助教を兼任）を経て
2013 年	放送大学准教授，京都大学 ESICB 拠点准教授
2018 年	放送大学教授，京都大学 ESICB 拠点教授（現在に至る）
専門	理論分子科学
主な著書	『大学院講義物理化学 I』東京化学同人
	『分子分光学』放送大学教育振興会
	『化学反応論－分子の変化と機能』放送大学教育振興会
	『初歩からの化学』放送大学教育振興会
	『量子化学』放送大学教育振興会
	『エントロピーからはじめる熱力学』放送大学教育振興会

隈部　正博 （くまべ・まさひろ）

1962 年	長崎に生まれる
1985 年	早稲田大学理工学部数学科卒業
1990 年	シカゴ大学大学院数学科博士課程修了
以降	ミネソタ大学助教授を経て
現在	放送大学教授・Ph.D.
専攻	数学基礎論
主な著書	『数学基礎論』放送大学教育振興会
	『初歩からの数学』放送大学教育振興会
	『入門線型代数』放送大学教育振興会
	『線型代数学』放送大学教育振興会
	『計算論』放送大学教育振興会

編著者紹介

岸根順一郎 （きしね・じゅんいちろう）

・執筆章→ 1・10・11・14・15

1967 年生
1996 年　東京大学大学院理学系研究科物理学専攻博士課程修了
　　　　　岡崎国立共同研究機構・分子科学研究所助手（1996-2003），
　　　　　マサチューセッツ工科大学客員研究員（2000-2001），九州
　　　　　工業大学工学研究院助教授・准教授（2003-2012）を経て
現在　　　放送大学 教授・理学博士
専攻　　　理論物理学（凝縮系物性理論）
主な著書　『力と運動の物理』（共著）放送大学教育振興会
　　　　　『場と時間空間の物理』（共著）放送大学教育振興会
　　　　　『量子物理学』（共著）放送大学教育振興会
　　　　　『現代物理の展望』（共著）放送大学教育振興会
　　　　　『物理の世界』（共著）放送大学教育振興会

大森　聡一（おおもり・そういち）

・執筆章→1・2・3・4・14・15

1966 年生
1997 年　　早稲田大学大学院理工学研究科資源及材料工学専攻博士課
　　　　　　程単位取得退学　博士（工学）
2005 年　　東京工業大学地球惑星科学専攻 21 世紀 COE 助手
2009 年　　東京工業大学大学院理工学研究科グローバル COE 特任准
　　　　　　教授
2012 年　　放送大学准教授（現職）
専門分野　　地球科学，ジオロジー，岩石学
主な著書　　『地震発生と水』第 4 章 地球の水の歴史 東京大学出版会
　　　　　　'Superplumes: Beyond Plate Tectonics', 第 5 章 Subduction
　　　　　　Zone: the Water Channel to the Mantle, Springer
　　　　　　『図説 地球科学の事典』2.5 沈み込み帯の熱史と物質循環
　　　　　　朝倉書店

放送大学教材　1140108-1-2211（テレビ）

改訂版　自然科学はじめの一歩

発　行　　2022 年 3 月 20 日　第 1 刷

編著者　　岸根順一郎・大森聡一

発行所　　一般財団法人　放送大学教育振興会
　　　　　〒 105-0001　東京都港区虎ノ門 1-14-1　郵政福祉琴平ビル
　　　　　電話　03（3502）2750

Printed in Japan　ISBN978-4-595-32357-7　C1340